教育部人文社会科学规划基金项目前期成果(专著)

环境贸易政策理论与实证研究

姚洪心　著

東華大學出版社
·上海·

图书在版编目(CIP)数据

环境贸易政策理论与实证研究 /姚洪心著. —上海：
东华大学出版社，2018.8
ISBN 978-7-5669-1474-3

Ⅰ.①环… Ⅱ.①姚… Ⅲ.①环境保护政策—贸易政
策—研究—中国 Ⅳ.①X-012 ②F720

中国版本图书馆 CIP 数据核字(2018)第 211208 号

责任编辑 徐建红
封面设计 贝 塔

环境贸易政策理论与实证研究
HUANJING MAOYI ZHENGCE LILUN YU SHIZHENG YANJIU

姚洪心 著

出 版：东华大学出版社(地址：上海市延安西路 1882 号 邮政编码：200051)
本社网址：http://dhupress.dhu.edu.cn
天猫旗舰店：http://dhdx.tmall.com
营销中心：021-62193056 62373056 62379558
电子邮箱：425055486@qq.com
印 刷：上海盛通时代印刷有限公司
开 本：889 mm×1194 mm 1/16
印 张：8.5
字 数：300 千字
版 次：2018 年 8 月第 1 版
印 次：2018 年 8 月第 1 次印刷
书 号：ISBN 978-7-5669-1474-3
定 价：79.00 元

目　录

第一章

序　言

一、问题产生的背景

以 1972 年斯德哥尔摩环境大会与 1992 年里约热内卢环境与发展大会为标志，各国对可持续发展已经达成了广泛的共识。在各方的推动下，WTO 总理事会在 1995 年初成立了贸易与环境委员会，专门负责环境保护与贸易发展。在全球环保意识提升的前提下，贸易与环境问题成为全球政府、生产者和消费者共同关注的焦点，而战略环境贸易政策的研究也正在成为传统贸易政策研究的一个重要延伸领域。但是，近年来，在国际贸易中屡屡引发贸易与环境争端而被诉诸于 WTO 争端解决机制的却是《关税与贸易总协定》第 20 条中的环保例外条款。该条款赋予 WTO 各成员以“环保例外权”，即各成员国有权以保护人类及动植物生命或健康，或为养护可用竭的天然资源为理由，不受 GATT 规定中其他规则的约束而采取限制贸易的措施。这样，在国际贸易和环境政策制定过程中，就可能由于该条例的生效而导致各方采取策略性行为，从而使得政策制定和由此导致的贸易均衡产生严重的扭曲。另一方面，在全球贸易自由化力度加大，传统贸易壁垒日渐式微的条件下，这种新贸易壁垒成为一种策略需要而被各国政府所接受。

当前，WTO 各成员的关税水平从二战后初期的 45%左右逐渐下降，其中，发达国家在 1998 年的工业制成品加权平均关税降到 3.7%，发展中国家成员降到 14.4%，转型经济国家降到 6.0%；而 WTO 的乌拉圭回合则主要致力于开放市场目标，主要是减少未来关税水平的不稳定性，增加约束税率的涵盖面，这方面很重要的一个举措即把绝大部分发展中国家纳入关税减让的行列，发达国家和发展中国家分别承诺将 99%和 60%的进口产品都纳入约定税率。同时，二战以来，许多国家实施的多达 2 700 种的非关税壁垒措施被迫大幅度削减或受到约束，多边贸易体制对目前经常使用的十几种非关税措施（如进口许可证制度、进口配额制、外汇管制、海关估价、复杂的海关手续、动植物检疫标准、进口商品的国内限制、反倾销税、反补贴税等）都进行了规范性的限制。由于传统的贸易干预政策受到 WTO/GATT 的规制（事实上，各国对违反这种协定的策略偏离行为也具有完善的政策反应性手段），同时，WTO 规则又对环境政策的实施给予了例外的对待，因此，更多国家的政府开始将政策目标转移到以环境为正当理由的贸易政策机制设计上，并藉此影响到国际市场的均衡水平，以期改变原有的利润分配格局。由于拥有完备的研究背景和丰富的现实个案，战略环境贸易政策理论的研究体系的构建及分析结论应同时具有较高的理论价值和政策借鉴意义。

二、核心思想的提出和基本模型的构造

对战略环境贸易政策的研究始于20世纪90年代，在研究初期更多的焦点被放在环境标准对生产区位选择的影响之上，同时从实证的角度考察了环境标准对贸易行为的影响。Low 和 Yeats（1992）发现污染行业在20世纪70至90年代向低环境标准的发展中国家进行了转移；Lucas（1992）的研究表明OECD国家中污染密集生产行业较严格的管制导致了企业生产区位明显的跨国转移，同时也加速了发展中国家的工业污染密集度。然而，Grossman 和 Krueger（1992）发现美国和墨西哥部门的贸易格局没有受到美国工业污染治理成本的影响，另外几个早期的实证研究也都支持在贸易流量（trade flows）和环境标准（Environmental standards）之间存在很弱的联系，甚至不存在这种影响（Dean 1992）。但是，同时期的理论研究却得出完全相反的结论，Markusen（1992）在一个静态的模型中考虑了政府扭曲自己的环境政策来影响单个污染企业生产位置的决策，其研究结论指出政府可能通过削弱环境政策以吸引投资，相反，其强化环境政策的目的则是诱导企业改变他们的生产位置。Copeland（1990）使用静态博弈模型表示政府可能愿意通过“过度投资”或者“减少投资”以影响到一种共享资源（shared resource）开发的成本和收益。例如，如果一个国家通过增加环境治理的投资导致鱼群的增加，这会帮助渔民降低其收获成本，而且这种投资效应也可抵消其他竞争者在捕鱼方面付出的努力和成本代价。在这些存在一定争议的理论和实证研究基础上，Barret（1994）提出了战略环境政策的核心思想和重要研究框架，它在论文中没有侧重于Markusen的生产区位决定论，也没有沿用Copeland的共享资源思想，而是强调市场结构及产业竞争模式对环境贸易政策的影响；这个基本模型涉及两国政府及各自的企业，其中生产者在第三国市场售出产品，政府则通过环境标准的选择来维护本国企业的利益；最后，企业再将这些环境标准作为给定的外生变量，内生地选择国际市场的产出水平和价格。Barret 在论文中提出了三种观点：

(1) 他将最优环境标准 EOS(environmental optimal standard)的条件设定为边际污染治理成本等于污染造成的边际损害,如果政府和企业选择的边际污染治理成本事实上低于污染造成的边际损害,则称之为弱的环境政策或生态倾销,这实际上是一种通过对环境标准的放松来追求企业出口收益最大化的方案。相反,如果边际污染治理成本事实上高于污染造成的边际损害,则称之为强的环境政策,而 Mas(2003)将其定义为绿色战略。

(2) 在头古诺双寡头竞争的前提下,政府和企业都倾向于采取生态倾销的策略方式,但是,如果企业面临的市场结构发生变化,比如:寡头市场由 n 个外国企业和单个本国企业共同构成时,则本国政府利用环境标准来为战略目的服务的动力就会减少,反而会倾向于执行强的环境标准。可见,寡头市场下的数量竞争并不必然导致生态倾销。

(3) 如果国际市场上双边企业在价格上的竞争胜过其在产量上的竞争,则策略选择的结果将会倾向于强的环境标准。这样,无论本国的产业结构如何构成,两种结果(强或弱的环境标准)都有可能存在,故在实证检验中环境标准和贸易量的关系会显得模棱两可。

同时,Barret(1994)在传统贸易政策模型(Brander 等,1983; Eaton 等,1985)基础上建立了战略环境贸易政策的基本模型,即在 Brander 等的研究模型框架中设置了环境损害和污染治理变量,其中污染治理的成本函数为 $A^i(q^i, e^i)$ 且假设 $A_q^i \geqslant 0$, $A_e^i \leqslant 0$ 且 $A_{qe}^i \leqslant 0$;其中 q^i 代表国家 i 的产量,e^i 代表国家 i 的污染程度。同时,环境污染的损害为 $D_e^i \geqslant 0$,同时被假设为严格的本地污染,排除了跨边界污染的可能性,此条件下,两个生产国企业和政府的利润函数分别由下式给定:

$$\max_{q^i} \pi^i = R^i(q^1, q^2) - C^2(q^i) - A^i(q^i, e^i) \quad (1-1)$$

$$\max_{e^i} NB^i = \pi^i(q^1, q^2) - D^i(e^i) \quad (1-2)$$

上述公式中,R^i 表示第 i 个国家企业的收益且 C^i 表示该国企业的生产成本。在不考虑和考虑竞争者策略反应的 EOS 和最优战略反应标准 SOS (strategic optimal standard)条件下,本国政府设置最优污染标准的 FOS 条件分别为:

$$NB_e^i = -A_e^i - D_e^i = 0 \quad (1-3)$$

$$\pi_1^1(\mathrm{d}q^1/\mathrm{d}e^1) + \pi_2^1(\mathrm{d}q^2/\mathrm{d}q^1)(\mathrm{d}q^1/\mathrm{d}e^1) + NB_e^1 = 0 \quad (1-4)$$

由(1-3)式可知,在不考虑企业策略反应的条件下,政府将按照边际污染治理成本等于污染造成的边际损害来进行规制，但由于本国的污染标准的调控不但会影响到本国企业的产出水平，而且考虑到本国产出水平，外国企业的产出也会相应的调整；故通过(1-4)式来体现这种策略反应的结果。由于(1-4)式中第一项为0，故边际污染治理成本大于(小于)污染成本取决于(1-4)式中的第二项为正值(负值)，这也表现了政府在环境标准设计上的策略态度。

推论1：在古诺双寡头竞争条件下，SOS条件下的污染标准总是低于EOS条件下的标准。

推论1证明了(1-4)式中的第二项为正数，故 $NB_e^1 < 0$ 或者 $-A_i < D_i$，政府倾向于采取生态倾销的态度。即如果本国政府放松其环境标准，意味着本国企业有机会获得更大的产出能力。而这种位移，类似于本国政府通过策略行动将本国企业的反应曲线外移，从双方都不考虑策略行动而按照最优环境标准的EOS均衡转移到由于策略反应而导致环境标准被削弱的SOS均衡中。这种结果类似于在寡头竞争市场条件下政府提供R＆D(研制与开发)补贴(Spencer 和 Brander，1983)和出口补贴(Brander 和 Spencer，1985)时的情况。然而，与工业政策的政策分析不同，战略环境政策不能使得企业拥有斯塔克伯格(Stackelberg)领导者的先发优势，这是因为如果本国企业是斯塔克伯格领导者，它将比在SOS最优条件下生产更多的产出，但是有可能给环境带来更大的损害。见图1-1。

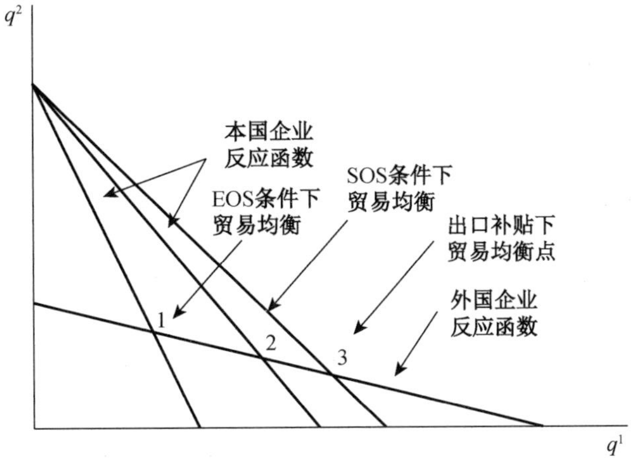

图1-1　战略环境贸易政策

推论2：在SOS条件下，企业不能够取得斯塔克伯格领导者的地位。如果本国企业是斯塔克伯格领导者，则本国政府没有战略反应的动机。同时，考虑本国企业在价格领导者的地位，则其在EOS条件下获得的利润大于在SOS条件下的利润。

这个推论主要通过比较不同条件下的一阶条件来完成的，Brander（1984）曾发现企业接受出口补贴条件下古诺竞争的 FOS 条件恰好等同于其斯塔克伯格条件下的 FOS 条件，进而证明了两者的等价性。但是，根据本书的博弈设定，古诺条件下 SOS 均衡中的 FOS 不同于其斯塔克伯格条件下的 FOS 条件；如果本国企业是事实上的价格领导者，则本国政府将选择 EOS 条件下的均衡，因为论文中证明了 $NB_e^1=0$，即此情形下的最优 SOS 就是 EOS。这里的经济直觉在于弱的环境标准相当于政府给企业提供了暗含的补贴（Implicit Subsidy），但是，这种补贴存在高昂的成本，即补贴可能使得本国污染更加严重。而在出口补贴和 R & D 补贴中不存在这样的附加成本，故可以给企业带来斯塔克伯格领导者的地位。

推论 3： 在纳什（Nash）环境政策均衡中，两个出口国家都倾向于选择 SOS，而不是 EOS。

这个推论的证明是在推论 1 的基础上普适化，考虑本国和外国都有生态倾销的动机，即在双边 SOS 均衡中的污染标准水平大于其在 EOS 均衡条件下的水平。其环境战略政策的结果可以在图 1-2 中表示出来。点 1 是 Nash 产业均衡，假设两个国家都采用 EOS 均衡。如果两个国家都采用 SOS 均衡，则反应曲线都将外移，则在点 4 达到新的博弈均衡。点 1 是 Nash 产业均衡，假设两个国家都采用 EOS 均衡。如果两个国家都采用 SOS 均衡，则反应曲线都将外移，则在点 4 达到新的博弈均衡。双方都不愿单独地偏离这个新的均衡点。

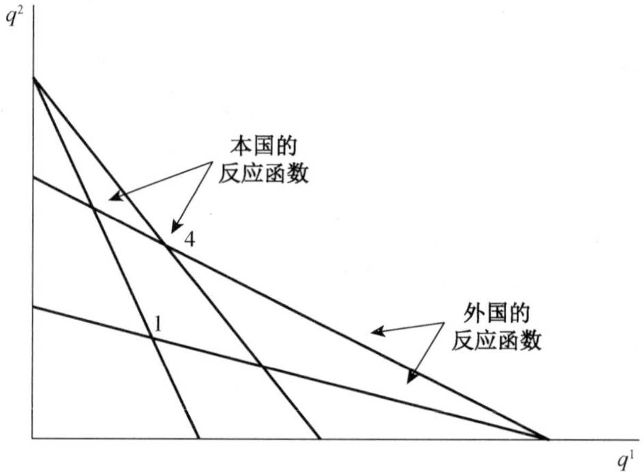

图 1-2　纳什环境贸易政策

推论 4： 如果本国产业是寡头竞争产业，则本国的 SOS 在产品相互替代情况下可能比 EOS 更加严格或放松。

推论 4 的证明和推论 1 的思想也完全一样，只是此时本国的企业不是单个企业，而是推广到具有 n 个同质企业，即影响收益大小的产量 q 是一组本国企业的产出向量，在此条件下的利润一阶条件为：

$$\frac{-\partial A^k}{\partial e^k}-\frac{\partial D^1}{\partial e^k}+\sum_{i=1}^{n}\frac{\partial \pi^i}{\partial q^2}\frac{\partial q^2}{\partial q^k}\frac{\mathrm{d}q^k}{\mathrm{d}e^k}+\sum_{i=1}^{n}\frac{\partial \pi^i}{\partial q^k}\frac{\mathrm{d}q^k}{\mathrm{d}e^k}=0（这里令 n=k）$$

如果本国的产品和外国产品之间是相互替代的，则第二项是正数；如果本国产品之间也是相互替代的，则最后一项也为负数，故 $NB_e^1>(<)0$ 无法直接确定。

三、核心思想的演进和理论模型的扩展

基于上述 Barret 和 Copeland 等人的研究，环境贸易政策的理论框架和模型体系已经被有效地构造出来。但是，Barret 和 Copeland 提出的核心模型显然不能对环境贸易政策的各方面特征都作出合理的解释，需要延伸和发展该类模型以适应经济现实的复杂性。从 1995 年开始，多位该领域的研究者从不同的角度开始拓展 Barret、Copeland 等人的研究思想，并从原材料要素投入、信息的不确定性、多头策略互动和博弈顺序设置等多方面对模型进行了修正，使得环境贸易政策方面的研究得以深入地展开。在这些新的研究中，环境贸易政策围绕着“生态倾销”和“绿色壁垒”两条主线展开，其根据不同的外部环境条件和内部激励动机提出了各种策略组合，并且对贸易格局和福利水平形成不同的影响。

（一）不确定性信息与环境贸易政策

不确定性信息及其对贸易政策的影响一直是国际经济学关注的重要问题，在环境贸易政策理论的基本研究框架确定后，研究者们开始关心——如果存在市场需求、企业生产成本乃至策略博弈结构等信息存在非对称性因素的条件下，环境贸易政策制定者战略信念会发生何种变化？而其贸易政策的相应改变又会引起贸易均衡做出何种调整？

伴随着不完全信息，政府可能比在面对战略干预未发生条件下的纯规制问题时采取更弱的环境标准和税收政策。这也形成在战略贸易政策上的重要差别，即政府仅仅面临不对称信息问题。模型是一个包括非合作政府和他们各自生产者的两阶段双头竞争框架，在第一阶段，政府在不知道国家产业的边际成本的情况下，同时宣布本国环境标准和总税收量。而且，政府将在企业申报成本（reported costs）的基础上制定他们的政策。在第二阶段，他们共同选择古诺—纳什均衡作为产出水平，这形成一个两阶段的子博弈完美纳什均衡。这个移动结构类似于 Barrett（1994）的策略结构，同时，本书的分析可以看成 Barrett（1994）在完全信息条件下的研究在不确定信息条件下的对应物。这三个基本假设将分析限制在政府为贸易相关目标而扭曲环境标准的动机中。首先，生产是为了在第三市场，意味着政府不可能为本国消费者的动机而扩展生产。其次，污染危害本限制在本地，而不考虑国家环境政策所导致的跨边界外部性的产生。第三，政府可能达成贸易自由的协定，这样它们不可能再直接补贴生产。在模型中，政府对贸易企业使用了一个二维的环境政策，以诱使企业显示其真实成本，且获得外国的租金。

这种工具的政策组合可以反映一种在政府和本国生产者之间所谓的自愿环境目标协议，这种总量的转移可以被解释为工业附加税，它以 R＆D 补贴和资助清洁技术及资源节约为特征。这种基金是大量协议中的一个组成部分。一个政府可以执行一种更弱的污染排放标准来扩展企业的产量，而放弃在外国的租金动机被忽视情况下的非战略反应最优标准（这里，边际污染减轻成本等于边际损害成本）。这表明在不完全信息条件下，对于任何被申报的成本，无论战略反应标准和非战略标准都比完全信息条件下更强。这是因为在面临完全信息条件下，生产者拥有高估成本的动机。这样导致在不完全信息下，最优标准建立在隐藏成本的真实显示（truthful revelation）问题，而这种隐藏效应（screening effect）导致环境标准变强。当这些分析与 Brainard 和 Martimort 在不完全信息条件下的直接生产补贴相关，在产出中的一个无效扭曲可能始发于政府通过环境工具干预超过通过直接补贴的干预。简而言之，当政府设定非战略标准（即完全根据环境因素选择排放标准）的时候，生产者会虚报他们自身的成本。因此，作为冲销虚报效应，由于战略行为而导致的机构问题的强化改变了政府较弱的战略环境标准。模型将在下面被提出，同时分析的假设也将被提出。

两个企业假设拥有对称的生产成本，且其成本被考虑为随机变量 σ。这种随机变量拥有标准分布函数 $f(\sigma)$ 在区间$[\bar{\sigma},\underline{\sigma}]$中，这里 $A-\bar{\sigma}>0$，且 A 为确定性需求（在这个框架中，随机变量可以被解释为一种需求的随机位移）。在完美信息的条件下，σ 可以被观察到。而在不完美信息的条件下，企业可能知道真实的成本信息，但是，政府却只知道成本的分布。假设由生产导致的污染扩散，e 是按照一定的生产比例形成的，则现在对污染扩散的测度可以用 $e^i=q^i-a^i$，

$i=h, f$；这里 a^i 代表污染减轻程度。而且，污染减轻成本可用一个二次函数表示为：

$$c_a=\frac{1}{2}(a^i)^2$$

假设环境损害是本地的，则 $D^i(e^i)=\frac{1}{2}m(e^i)^2, m>0$；则企业和政府的利润和福利函数可以分别由下式表示：

$$\pi^h(q^h, q^f, e^h, \sigma)=[A-q^h-q^f-\sigma]q^h-\frac{1}{2}(q^h-e^h)^2$$

$$\max_{e^h(\sigma), T^h(\sigma)}\left\{U^h(\sigma)+(1+c)T^h(\sigma)-\frac{1}{2}m(e^h(\sigma))^2\right\}$$

在完全信息条件下考虑到政府的环境政策涉及非战略标准（non-strategic Standard）和战略反应（strategic Standard）两种情况，则两种条件下的环境标准分别为：

$$e^{*hN}=\frac{(A-\sigma)}{k};\ e^{*hs}=\frac{9(A-\sigma)}{(8k-1)};$$

$$e^{*S}-e^{*N}=(A-\sigma)\frac{(k+1)}{(8k-1)k};$$

在 SS 和 NS 之间的差异是从政府那里获得的间接补贴，其目的是为了本国企业承诺更高的产出水平。在下文中，这些差异将用“承诺效应”来表示。通过对上式 m 求导，它显示出在标准上的战略扩展将导致环境损害成本的下降。这表明 Barrett 和 Kennedy 的发现，即环境成本给社会添加一个真实成本：因为它减少了政府从外国的利润转移动机，Kennedy 将其称为“污染转移效应”（the polluting shifting effect）。在不完全信息条件下，企业的利润函数则转变为：

$$\pi^h[q^h(e^h(\hat{\sigma}), q^f, e^f(\hat{\sigma}), \sigma]-T^h(\hat{\sigma})$$

$$T^h(\hat{\sigma})=\pi^h[q^h(e^h(\hat{\sigma}), e^f, \hat{\sigma}), q^f, e^h(\hat{\sigma}), \hat{\sigma}]$$

在战略干预和非战略干预条件下，考虑企业的申报成本 $\hat{\sigma}$ 对利润的一阶微分后分别可知：

$$\hat{\sigma}=\sigma+\frac{3kq^h}{k+1}$$

$$\hat{\sigma}=\sigma+\frac{(3k-3/8)q^h}{k+1}$$

在不完全信息条件下考虑政府的收益函数由下式给定：

$$H^h=\left\{\pi^h(q^h, q^f, e^h, \sigma)-\frac{1}{2}\left(\frac{1}{1+c}\right)m[e^h(\sigma)]^2-\left(\frac{c}{1+c}\right)\right\}U^h f(\sigma)-\lambda_i^h q^h-\lambda_2^h q^f$$

在无战略行为的条件下，由于存在申报成本和真实成本的背离，政府的最优标准可以从一阶条件中推导出来：$e^N = e^{*N} - \beta^N(\sigma - \underline{\sigma})$。这里$\beta^N = 3c/2k(1+c) > 0$，在考虑战略反应的条件下，则存在：$e^S = e^{*S} - \beta^S(\sigma - \underline{\sigma})$，这里$\beta^S = 3c/(2k-1/4)(1+c) > 0$。可见，在两种情况下，生产成本的不确定性都导致了环境标准的下降，市场将确立生态倾销的战略环境。

（二）生态标志模型

除了政府的环境政策对厂商的行为产生影响，消费者的环保理念同样起着重要作用。如果消费者更偏好于购买清洁产品，甚至经常表现为愿意为产品的环保属性买单，则对于污染性产品的生产者而言，他们可能存在很强的动机对清洁技术进行投资以赋予产品生态标志的标签，并以此作为产品差异化的手段。考虑到现实中很多企业为其产品争取生态标志权的案例，在该研究领域的模型设定中，同样存在企业投资于减污技术的假设。生态标志成为了生产者重要的战略变量，它能够吸引具有较强环保意识的消费群体，但也会给生产者带来相应的成本。现有的生态标志体系通常拥有5%～20%的市场占有率，生态执照的使用期也经常被限制于一个相对较短的时间段中，更重要的是，平均3～4年生态标志权的标准会被修正一次，甚至变得更为严格，这些均迫使希望拥有生态标志权的企业不得不进行投资以提高产品的绿色质量。在这种情况下，环境问题体现为在生态标志的激励下，生产者是否会投资于减污的洁净技术。

生态标志如何影响生产者的决策？这一问题可以通过研究在产品质量模型框架下的环境质量竞争问题来解决。此类模型通常延续基于产品纵向差异化的假设以及双寡头垄断的理论，并且假设厂商先后确定产品质量和产品价格。同Barrett(1994)采用不确定信息理论对政府环境管制同企业行为关系的研究相比，生态标志模型侧重于考察消费绿色产品的偏好程度对企业的策略选择的影响，并将产品清洁度视为产品质量，在产品质量模型的理论框架中对环境质量竞争进行相关研究。在下文中，产品的质量均指产品的绿色质量，也就是产品清洁度。整个纳什均衡博弈分为三个阶段，第一个阶段，公司决定是否对环保技术进行投资以及投资多少；第二个阶段选择产品的质量水平；第三个阶段，在纵向差异化市场的公司间进行伯川德竞争，确定产品价格。

假设消费者可以观测到生产者的质量选择，消费者的效用由消费者偏好、产品质量以及产品价格决定：$u = \theta s_k - p_k$，$k = H$(high quality)、L(low quality)；其中θ为消费者偏好，k代表产品的质量水平，s_k，p_k分别代表质量水

平为 k 的产品的质量和价格。θ 可以视为消费者对产品的绿色属性进行购买的边际意愿，$\theta \in [\underline{\theta},\bar{\theta}]$，且存在 $\hat{\theta} = (p_H - p_L)/(s_H - s_L)$，使得偏好为 $\hat{\theta}$ 的消费者对于购买高质量产品和低质量产品间无差异。假设市场是完全覆盖，则高质量产品的需求函数和低质量产品的需求函数可分别表示为：$d_H = \bar{\theta} - \hat{\theta}$，$d_L = \hat{\theta} - \underline{\theta}$。作为纵向差异化模型中对技术投资的通常处理情况，将对清洁技术的投资视为固定成本，产品总成本可以表示为：$c_k(s_k, I_k) = (1/2)bs_k{}^2 + \alpha_k(I_k)$，其中 $k = H, L$；$\alpha'_k(I_k) < 0$，$\alpha''_k(I_k) > 0$。

企业的利润函数可以表示为：$\pi^k = [p_k - c_k(s_k, I_k)]d_k, k = H, L$。

根据逆推归纳法，在第三阶段和第二阶段的顺序对企业的利润函数进行反推，可以得到企业利润关于技术投资的函数：

$$\tilde{\pi}^H = [1/(6b)](\bar{\theta} - \underline{\theta})\{3/2(\bar{\theta} - \underline{\theta}) - 4x(I_H, I_L)b/[3(\bar{\theta} - \underline{\theta})]\}^2$$

$$\tilde{\pi}^L = [1/(6b)](\bar{\theta} - \underline{\theta})\{3/2(\bar{\theta} - \underline{\theta}) + 4x(I_H, I_L)b/[3(\bar{\theta} - \underline{\theta})]\}^2$$

其中，$x = \alpha_H(I_H) - \alpha_L(I_L)$

由上述利润函数可知，企业利润取决于市场规模、产品质量的边际成本，以及投资水平。

假设单位投资成本为 v，在第一阶段的利润函数表示为：

$$V_H = \tilde{\pi}^H - vI_H, V_L = \tilde{\pi}^H - vI_L,$$

对上述两式求一阶导并对结果进行比较，当 $x = 0$ 时，两企业均会进行投资；当 $x < 0$ 时，只有高质量产品企业会进行投资；当 $x > 0$ 时，只有低质量企业会进行投资。企业是否投资取决于企业投资的有效性：越有效率的企业投资得越多。

将 $\alpha_k(I_k)$ 表示为：$\alpha_k(I_k) = e^{a_k I_k}$，可以得到利润最大化条件下的产品质量：

$$s_H{}^* = (5\bar{\theta} - \underline{\theta})/4b + [2v(a_H - a_L)]/[3(\bar{\theta} - \underline{\theta})(A - 2B)a_H a_L]$$

$$s_L{}^* = (5\underline{\theta} - \bar{\theta})/4b + [2v(a_H - a_L)]/[3(\bar{\theta} - \underline{\theta})(A - 2B)a_H a_L]$$

其中 $A = (2/3)(\bar{\theta} - \underline{\theta})$，$B = (16/27)b/(\bar{\theta} - \underline{\theta})$

由于 $a_H - a_L$ 同 $x^* = v(a_H - a_L)/[a_H a_L(A - 2B)]$ 符号一致，当低质量企业投资效率较高时市场产品的质量最高，而当高质量企业投资效率较高时市场中产品的质量水平处于最低。可见，生态标志能够减少过度投资并提高环境质量，而企业投资环保技术的动机以及投资能否获得最优解则取决于企业间的投资效率。

（三）绿色补贴模型

在传统的环境经济学领域中，许多研究者开始关注化工行业中作为生产过程副产品污染性废物和废水的处理，相应地，他们也开始考虑与生产者有关的环境政策。事实上，污染性副产品不仅存在于生产过程中，也可能更多地出现在产品的消耗过程中，譬如机动车辆在使用中所产生和排放的 CO_2 远远高于在其生产过程中所产生的 CO_2。对于机动车辆产品的环境属性而言，采用不同减污技术的产品往往形成环保性能上的高低。在这种情况下，政府如何通过环境标准的设定来引导消费者选择何种环保性能等级的产品？并如何以此与消费者关联的环境政策对环境与社会福利形成改善？这些均为绿色贸易政策需要解决的问题。

绿色补贴模型注重考察市场中具有环保性能的产品，其污染性副产品主要来自消费过程。同生态模型相似，绿色补贴模型也假设消费者对产品的环保性存在着不同的边际偏好，产品为基于绿色质量（也即具备产品的环保性能）的纵向差异化产品。消费者对产品绿色质量的边际偏好 $\theta \in [0, \bar{\theta}]$，偏好接近于 $\bar{\theta}(0)$ 的消费者对于产品的绿色质量非常敏感。e 代表了产品的单位污染扩散水平，$e \in (0, \infty)$。假设有两个公司，公司 C 生产较为洁净的产品，其单位污染扩散水平为 e_C，价格为 p_C；公司 D 生产污染性较强的产品，其单位污染扩散水平为 e_D，价格为 p_D，$e_D \geqslant e_C > 0$。

模型的目的在于验证政府对消费者以生产者关于环境友好产品的绿色补贴或者环境税如何影响环境和社会福利。消费者剩余表示为：$u = \max\{v - e\theta - p + \mathrm{d}S,\ 0\}$，其中，$v$ 代表在不考虑单位污染扩散水平的情况下消费单位该产品所获得的效用；当 $e = e_C$ 时，$d = 1$，当 $e = e_D$ 时，$d = 0$；$S = s(e_D - e_C)$；当 $s > 0$ 时，s 代表了对消费者的绿色补贴，当 $s < 0$ 时，s 代表了对消费者的环境税收。模型主要研究绿色补贴和环境税收对生产较为洁净产品公司的行为的影响，令 $e_D = 1$，$e_C = \varepsilon \leqslant 1$。在第一个阶段，两公司进行古诺或者伯川德竞争，在第二阶段公司 C 确定最优的单位污染扩散水平。考虑市场完全覆盖和市场不完全覆盖的两种情况，当市场完全覆盖时，需求函数可以表示为：

$$q_D = (P_C - P_D)/(1 - \varepsilon) - s,\quad q_C = \bar{\theta} + s - [(P_C - P_D)/(1 - \varepsilon)]$$

由于从上述需求函数中无法推导出反需求函数，故在这种情形下仅考虑伯川德竞争的情况；当市场不完全覆盖时，需求函数表示为：

$$q_D = (P_C - P_D)/(1 - \varepsilon) - s,\quad q_C = [(1 - \varepsilon)v - P_C + \varepsilon P]/[\varepsilon(1 - \varepsilon)] + s/\varepsilon$$

反需求函数表示为：

$$p_D = v - q_D - \varepsilon q_C,\ p_C = v - \varepsilon(q_D + q_C) + s(1-\varepsilon)$$

模型对单位污染排放水平，也即给定产品的质量水平一个固定成本，将成本函数设为如下的形式，$F_C = F_C(\varepsilon)$，$F'_C(\varepsilon) < 0$，$F''_C(\varepsilon) \geqslant 0$，且 $\bar{F}_D = F_D(1)$。假设政府为了帮助公司C生产更为洁净的产品对其每单位产出予以补贴 $\Sigma = \sigma(1-\varepsilon)$，当 $\sigma < 0$ 时，政府对公司C征收环境税。两公司的利润函数可以表示为：$\Pi_D = p_D q_D - \bar{F}_D$，$\Pi_C = (p_C + \Sigma)q_C - F_C(\varepsilon)$。总污染扩散水平 $E = q_D + \varepsilon q_C$，社会福利 $W \equiv CS - \gamma E + PS - \Omega$，其中 $\gamma(\geqslant 0)$ 代表对环境污染的边际社会影响，估计代表政府对消费者和公司C的补贴引起的财政支出，生产者剩余 $PS = \Pi_D + \Pi_C$。在市场完全覆盖情况下，考虑两公司进行伯川德竞争，可知：

$$\mathrm{d}\varepsilon/\mathrm{d}w < 0, \mathrm{d}E/\mathrm{d}w < 0,\ \mathrm{d}W/\mathrm{d}w > 0, \text{其中 } w = s, \sigma$$

在市场完全覆盖下，绿色补贴能够减少总污染，且实行绿色补贴是社会最优选择。在市场不完全覆盖情况下，考虑两公司进行古诺竞争，$\mathrm{d}\varepsilon/\mathrm{d}w < 0$，$\mathrm{d}E/\mathrm{d}w > 0$。绿色补贴将增加总污染；当两公司进行伯川德竞争，可知：

$$\mathrm{d}\varepsilon/\mathrm{d}w < 0,\ \mathrm{d}E/\mathrm{d}w = \partial E/\partial w + (\partial E/\partial \varepsilon)(\partial \varepsilon/\partial w)$$

其中 $\partial E/\partial w = (1-\varepsilon)/(4-\varepsilon) > 0$，$\partial E/\partial \varepsilon = 3/(4-\varepsilon)q_D > 0$，故在伯川德竞争情况下，绿色补贴对总污染扩散水平的影响是不确定的；在古诺竞争和伯川德竞争两种竞争模式下，关于社会福利可以得到相似的结论，政府足够重视环境，边际社会成本估计足够大，即 $\gamma > \gamma^* \equiv (\mathrm{d}CS/\mathrm{d}s + \mathrm{d}PS/\mathrm{d}s)/(\mathrm{d}E/\mathrm{d}s)$ 时，给予消费者绿色补贴并不是社会最优选择，也即政府应该对消费者征收环境税以减少购买，这种行为将引起洁净产品的单位污染扩散水平相应上升；相反地，如果政府并非对环境问题进行优先考虑，$\gamma < \gamma^*$ 时，实行绿色补贴是社会最优选择。在市场不完全覆盖情况下，无论哪种竞争模式，社会最优选择取决于对环境污染的边际社会影响的估计，只有当边际社会影响估计足够大时，应采用绿色补贴；否则，征收环境税对社会福利更为有益。

四、前沿模型的构造特点

在上述模型中，分别考虑了环境标准设定对企业竞争模式和环境质量的影响，在理论模型中均采取了寡头市场的博弈模型，并将研究思路构架在古诺和伯川德模型的基础上展开，但每类模型均各具特点(表 1-1)。其中，Barret(1992)和 Hamilton(1999)的模型中强调的是环境标准的改变(宽松或严格)对污染密集度的影响，在这类模型中政府的政策工具为环境监测标准，政府可以根据市场拓展和环境质量的考虑而设定严格或宽松的环境标准，其污染测度和污染减轻成本的函数形式都采用了非线性一般函数形式，因而在假设条件下模型演绎的推论具有更强的稳健性和普适性。而 Greaker 等人则强调通过对生产方征收环境税的角度考虑环境规制对市场和环境的双重效应，在模型中采取了非线性污染函数的抽象形式，但对环境税收设定了线性的环境条件，即侧重考虑了从量税的影响力。相反，Toshimitsu(2008)则考虑消费税的市场影响，其侧重于从价税问题的研究，并在环境损害度的设置中考虑到了双边产出的污染排放，该模型为跨边界污染模型的一种扩展形式。另一方面，由于与前期研究目的存在差异，本书中选择了常数的生产成本形式，即强调模型中污染控制的固定要素投入的性质。Ulph(1993，1999)则在研究中注重强调了 EOS 和 ROS 两种策略反应条件下最优环境标准与环境税的效果比较，同时，给环境损害度与污染治理成本都设置了一个特定的二次函数形式，其形式符合环境质量、治理成本与产出之间的关系。Conrad(1996a ,1999b)建立了一个简明形式的模型，这里采取了一个线性环境税率和线性污染率，同时，对市场污染设定了非线性损害度，其研究目的是预期对污染税率的影响在一个抽象的逻辑框架中得到验证。

表 1-1　国外相关学术研究

	污染测度	环境损害度	环境税	污染减轻成本	环境控制标准	污染减轻度
Greaker	$\partial s/\partial q$	$D_i(s)$	ts	$\alpha(n)$	—	$\beta(n)$
Barrett Hamilton	e_i	$D_i(e_i)$	—	$A_i(q_i, e_i)$	$\hat{e}$	a_i
Ulph	$e \equiv x - a$	$D \equiv de^2$	t, τ	$A_i = a^2/2$	$\hat{e}, \varepsilon$	a
Conrad	$(1-a)$	$d(P)$	$t(1-a)e$	$ca \equiv ca(a)$	e	a
Toshimitsu	e_i	$E = q_D + \varepsilon q_C$	$\Sigma = \sigma(1-\varepsilon)$	$F_C = F_C(\varepsilon)$	—	$F_C(\varepsilon)$

从市场竞争模式的特点考虑，在 Greaker 的模型中使用了数量竞争形式；在 Ulph 的模型中使用了价格竞争形式，Toshimitsu 则同时使用了两种相应的竞争形式；从竞争的阶段性考虑，多数研究均采用了动态博弈的形式，并使用多阶段的优化过程；从竞争的信息结构而言，在 Hamilton 的模型中考虑了成本信息的不对称属性，同时申报成本中存在着信号的作用；就竞争市场的选择，部分模型选择局部市场，部分模型设定第三方市场，部分模型则考虑用双

边市场。就污染扩散方式考虑，多数污染属于本地形式设定，部分则挑选了跨边界污染。

五、前期理论研究的重要结论

综上所述，从政府环境政策、公司间竞争状况以及绿色技术投资等诸多方面得到如下结论：

(1) 在不确定信息情况下，无论政府决定在环境政策上采取战略干预或非战略干预，生产成本的不确定性都将导致环境标准下降，市场将确立生态倾销的战略环境。

(2) 生态标志能够减少过度投资并提高环境质量，而企业间的投资效率则是决定企业是否会进行环保技术投资以及投资能否获得最优化结果的关键因素。迄今为止，美国、日本以及德国等欧洲国家都已开始采用生态标志体系，用来鼓励在其相应地区生产及消费绿色产品的行为。企业为了获得并持续持有生态标志权，可能会投资于能够以更低的成本来控制环境污染的技术，但进行投资的动机因各企业成本结构的不同而异。当高质量企业投资的效率较高时市场中产品的质量最高，而当低质量企业投资的效率较高时市场中产品的质量水平较低。

(3) 如果市场是完全覆盖的，那么实行绿色补贴可以减少社会总污染，是社会的最优选择。但绿色补贴并不适用于任何情况，当市场不完全覆盖时，社会最优选择则由环境污染的边际社会成本估计决定，只有在边际社会估计足够大的情况下，应该采用绿色补贴，否则征收环境税对社会福利是更为有益的。

以上结论为我们提供了丰富的政策启示：

首先，为了保证环境政策的有效性，政府需要考虑到环境贸易政策，包括绿色补贴和生态标志等政策的策略反应效果，即在这些政策的制定和实施中需要考虑到其可能存在与环境质量改善相背离的可能性。

其次，政府对环境的保护可以从企业获取生态标志权的行为入手。而企业为了获取和持有生态标志权，也会相应地带来其单位投资效率的改变。这样，生态标志体系能够起到一石二鸟的效果，不仅提高了环境质量水平，还减少了企业间过度投资的发生，同时可提高整个社会福利。

再次，政府保护环境的财政手段除了常见的对企业征收庇古税外，对消费者进行绿色补贴也不失为一种行之有效的方法。需要注意的是，绿色补贴适用性同市场覆盖率和社会边际成本估计有关，政府在制定绿色补贴的环境政策前需要充分考虑市场和社会情况。

六、本书研究的重要内容

（一）本书的基本内容

首先，用动态博弈模型解析在发达国家政府设定环境贸易政策的条件下，各种环境贸易工具——污染税、污染标准、生态标志和绿色补贴对各国企业的策略行为、国家福利水平和地区环境质量的影响。其中，研究的基本框架仍然设定在 Barret 和 Ulph 等的研究模型内，但是将对模型进行更加合理的扩展。这里包括贸易中的需求风险、发达程度、技术创新程度等新变量的有效引入，有助于研究环境贸易政策给类似中国这种转型经济中的大国所施加的影响；同时考虑其对发展中国家内仅具备模仿能力的企业所施加的影响。此外，由于绿色补贴和生态标志是两个崭新的生态贸易手段，本书会在动态博弈结合复杂的信息结构基础上考虑这两个新兴环境贸易工具的博弈机制和福利效应。

（二）本书的研究思路和方法

本书的研究将围绕着战略环境贸易政策的发展趋势和类型特点逐次展开。首先，本研究将介绍国际关于环境贸易政策的基本模型，其中包括 Ulth 等的污染税和污染标准模型及 Kennedy 等的生态标志模型。其次，在第一阶段提出的基本模型基础上，侧重进行随机需求和企业技术水平参数的设置，进一步考虑发达国家设置环境贸易政策对类似中国这样的发展中大国会产生何种积极与消极的影响，同时分析资源类和制造业出口大国应该采取何种贸易政策措施来适应这种贸易格局。其三，在借用国外生态标志模型和作者自己创新研究的绿色补贴模型基础上，侧重讨论发达国家如何利用环境技术标准对发展中国家设置绿色贸易壁垒，而发展中国家如何借助技术扩散和依托技术模拟来提高产品质量，增强企业的出口竞争力。其四，在以上理论模型建立妥当后，根据模型的推论进一步搜寻相应的面板数据进行实证计量研究，考虑环境政策参数和企业内部绿色技术等作为解释变量对各国环境质量及贸易产出水平的影响。最后，根据本书的研究推论对中国如何形成自身的环境贸易战略，以及如何应对发达国家的环贸策略提出合理的建议和规划。

就研究方法而言，本书主要拟就以博弈理论为主要方法，结合优化理论和动态规划方法来解决研究中的理论模型构造部分。如果考虑到政府采用不同的环境贸易工具进行干预，可以把这种政府、企业、市场的三方博弈考虑成一个存在先后次序的动态博弈。当这个博弈机制形成后，政府设置或调整绿色补贴、污染税和污染标准等政策变量，则其形成的战略结果及关键战略环节都可以被清楚地刻画出来。另一方面，由于涉及后期的计量方法问题，本书拟就采用动态面板数据回归和面板协整等计量方法来进行数据分析。如果数据源获取丰富，则可控制同期中的传统贸易政策、政治因素、宏观经济波动等变量，侧重观察环境政策参数和企业内部绿色技术这两类主要解释变量对环境改善程度及贸易收益的影响状况。在软件上选用 Sas 软件来处理时间序列模型和面板数据模型。

（三）本书的创新之处

（1）对绿色补贴及其战略影响的理论研究

在出口补贴等传统贸易政策工具受到 WTO 限制的条件下，绿色补贴作为一种新的策略手段正在被更多的政府所采用。然而，当前国外的研究侧重于环境税、环境标准和 R&D 补贴的应用，对给企业进行环境设备改进的绿色补贴缺乏研究，本书拟在一个多阶段双头竞争的博弈模型中考虑绿色补贴及其溢出效应对政府和企业行为的影响。

（2）相关和随机需求条件下环境贸易政策的模型研究

由于世界经济一体化趋势越来越强，一国的消费需求易受到他国需求波动的影响，本书中将两国的需求设置为随机且相关的需求状态，由此可以考虑单边或组合需求风险条件下环境贸易政策的实施效果。在传统的环境政策模型中，需求函数均为确定性需求的函数，无法测度需求存在的波动性对政策工具可靠性的影响。在相关需求的假设条件下，需求风险对环境贸易政策的规制力度及其市场、环境的双重约束效果都进行了有效的验证。

（3）环境贸易政策合作的理论模型研究

本书的研究假设环境贸易政策的合作可能存在于两个出口企业之间，其目的是针对两国政府分别设定的环境税或绿色关税进行合作策略反应；同时，也允许合作也发生在政府与政府之间，其目的是共同改善双边的环境质量，共同限制两国污染企业的出口规模；合作还可能发生于多边贸易体制的框架内，其目的是保护整个地区的环境质量和控制各方出自个体理性的污染扩展和生态倾销。

(4) 对发展中国家实施环境贸易政策效果的实证研究

由于以前的计量模型都是在发达国家的贸易环境政策基础上展开的，因此忽略了发展中国家环境贸易政策实施的效果，本书将通过测度我国环境贸易政策对产业和企业利润的影响来弥补这一缺陷。

第二章

相关市场条件下最优战略环境政策模型

一、环境政策与生态倾销

当前，环境主义者越来越关注国际贸易中环境规制政策的扭曲问题。当NAFTA、CAFFA和CEFTA等自由贸易区形成以后，贸易解放(trade liberation)使得各国产品出口中形成的生态倾销(eco-dumping)日益严重。考虑到这种现象，Markusen(1993)、Conrad(1993)、Barrett(1994)、Kanney(1994)、Rauscher(1994)、Ulph(1996)等的系列成果形成了一个战略环境政策的研究分支，其研究模型侧重考虑政府为了避免直接使用出口补贴和其他战略贸易手段而借助于放松环境标准来提升本国企业的市场份额，这种行为被定义为生态倾销。由于此类模型的构造是在传统战略贸易政策模型基础上的拓展，多数研究者都选择了Brander和Krugman(1983)的相互贸易模型(reciprocal trade model)来探讨最优环境政策及标准扭曲的条件和机理。在过去的研究中，由于废气、废水和固体污染物具备不同的扩散属性，国际贸易中的污染被区分为区域性污染和跨边界污染两种类型，Baumol(1988)，Copeland(1990，1996，2000)，Ludema(1994)等均设定了在跨边界污染条件下的最优环境标准和战略贸易政策，并考察其对社会福利的影响。另一方面，Abrego et al.(2001)，Ederington(2001)等则关注从合作的角度控制污染的生产和消费外部性，同时尝试在研究中将环境政策与地区贸易协定直接关联，这样的思路符合国际经济合作现实的特征，比如，在NAFFA中就包括很多环境规制合作的因素。

尽管该研究领域的模型已趋向成熟，但迄今为止，在这个分支中应用的古诺竞争或伯川德竞争均被设置在市场需求确定且与其他国家需求相互独立的环境中，这样，这些研究中推理出的最优战略环境政策均存在着确定需求(certain demand)与分离市场(separate market)的严格假设。然而，随着世界经济一体化的加速，不同国家的市场需求在现实中可能存在波动，而不同国家的能源和制造品的需求变化事实上会影响到世界其他国家和地区该品种的市场需求。比如，当美国消费者削减牛肉需求时，其他国家消费者通过不同渠道获取该信息后就会评价这个新的消费趋势产生的原因，随后调整个人食物消费组合中牛肉的购买数量[①]。考虑到上述因素，Catherine C. Eckel(1992)

---

① Stephen Devadoss等使用CGE模型的估计表明：2003年，受疯牛病的影响，美国消费者大约减少了10%牛肉消费，而海外市场需求相应萎缩了90%。同时，由于同样的疫情发生在日本造成该国牛肉消费量也相应下降；而相同时期，澳大利亚和巴西的牛肉却作为替代品获取了大量的市场份额。

首次提出在面对随机和相关需求(correlated demand)条件下多产品垄断(multiproduct monopoly)的价格决策问题。该文的模型中将各种产品的价格作为调控其产品组合需求方差的手段，如同在资产组合理论中通过调整单支股票的权重系数来降低整个投资组合的风险,同时，他将两国需求间的相关因素通过协方差系数设置到由价格变动导致的总需求变化的系数 Beta 中。Anam 和 Shiang(1996; 2000)则将资产组合理论中分散风险的思想和 Brander-Krugnman 的相互倾销模型整合起来,他们发现不同国家的需求相关性会导致出口倾销的动机,尤其是当本国需求波动较大的情况下,厂商可以通过低于成本的出口倾销来规避本国的需求风险。同时,他们的研究验证了在两个随机正相关的市场间古诺竞争的条件下,政府应该对需求波动风险更大的市场中的企业征税,而给面临市场需求风险较小的企业提供补贴;类似资产组合理论的思维,这种政策组合一方面减少了企业利润的波动,且提高了风险规避企业的效用水平。

通过对上述两个研究分支的结合,本章提出一个基于随机相关需求和跨边界污染框架下的相互贸易模型,并且关注政府是否存在扭曲本国的环境规制措施来替代传统战略贸易政策的作用。与前期的研究不同,本书侧重分析了随机需求、相关因子和风险态度对非合作和合作的环境政策施加的影响,并进一步讨论其如何改变了污染转移和生态倾销的动机。本书的研究表明,在随机相关市场的条件下,政府倾向于征收较之确定需求条件下更高的环境税(或提供较少的环境补贴),这样会弱化企业生态倾销的动机。

本章的结构安排如下:第二节提出了基于 Anam 和 Shiang 模型的环境政策模型,第三节验证了相关市场的各分解要素对非合作和合作均衡中的生产者利润、消费者剩余和环境损害的影响,而且将随机相关需求条件下和确定需求条件下的最优环境税水平进行了比较分析。本章研究结论和展望在第四节中给出。

二、相关市场条件下环境贸易政策模型

考虑一个国际双头垄断行业,其中企业 i 位于国家 i, $i=h$, f,这里本国和外国企业生产同质产品并同时满足本地和出口的需求,产量竞争发生在两

个风险规避的市场(类似于 Anam 和 Shiang 的模型设定,1996),产品的反需求函数被设置为线性函数:

$$p_i = a - q_i^i - q_j^i + e_i,\ i = h,\ f,\ i \neq j \tag{2-1}$$

这里 q_j^i 表示企业 j 向国家 i 提供的产品,e_i 为国家 i 的市场随机需求。为了模型的简明,两国市场的随机需求假设类似于 Anam 和 Shiang(2003) 的模型设定。我们假设(e_h, e_f) 为多维分布,并且 $E(e_h) = E(e_f) = 0$, $E(e_h^2) = E(e_f^2) = \sigma^2$, $E(e_h e_f) = \sigma_{hf} = \rho\sigma^2$,这里 ρ 被考虑为市场相关因子。给 $-1 \leqslant \rho \leqslant 1$,则 σ_{hf} 的边界在 σ^2 和 $-\sigma^2$ 之间。产品生产导致污染的扩散(污染被假设为跨边界的)①,由于给定污染扩散率(或污染治理技术) 是常数,则没有附加的污染治理成本,这样污染扩散仅能通过削减产出来加以控制②。同时,污染导致环境损害,这种污染损害的社会成本函数表示为 $D_i = D_i(q_i) + \theta D_j(q_j)$,这里 $q_i = q_i^i + q_i^j$,$D'(q_i) > 0$,$D''(q_i) > 0$,且 $\theta \in (0,1)$ 表示跨边界污染因子。由于产品同质,假设两国市场的环境污染程度具有对称性,由此可知 $D_i'(q_i) = D_j'(q_j)$。每个国家的政策制定者通过对本国企业征收环境税 τ(如果 τ 值为负则为生产补贴) 来控制其污染扩散水平。各国的福利函数定义为企业利润、消费者剩余、环境税收益和污染成本的总和,这样,国家的福利函数可由下式给定:

$$W_i = \Pi_i + S_i + T_i - D_i \tag{2-2}$$

这里 $T_i = \tau_i(q_i^i + q_j^i)$,表示国家 i 的环境税收益,$S_i = (q_i^i + q_j^i)^2/2$ 表示国家 i 的消费者剩余,且 Π_i 表示企业 i 的生产利润,其函数形式由下式给定:

$$\begin{aligned}\Pi_i(q_i^i,\ q_j^i,\ q_i^j,\ q_j^j,\ e_i,\ e_j) = {}& (a - q_i^i - q_j^i + e_i)q_i^i + \\ & (a - q_i^j - q_j^j + e_j)q_i^j - \tau_i(q_i^i + q_i^j)\end{aligned} \tag{2-3}$$

上式的函数形式为企业在随机需求条件下的利润形式,而确定需求条件下的函数形式类似于 Brander - Krugman(1983)模型,可由下式表示:

$$\Pi_i(q_i^i,\ q_j^i,\ q_i^j,\ q_j^j,\ 0,\ 0) = (a - q_i^i - q_j^i)q_i^i + (a - q_i^j - q_j^j)q_i^j - \tau_i(q_i^i + q_i^j) \tag{2-4}$$

根据 Anam 和 Shiang(1996,2000,2003)的模型,假设企业具有风险规避的态度,则两国企业的期望效用被定义为一个二次函数形式:

---

① 污染有区域化污染和跨边界污染两种不同的情况。比如:若污染物造成土壤及生物体污染或比较稳定的有机物及矿物质在本国的水体中随水流动而扩散,都属于区域性污染;而大气和区域性海水污染则是跨边界的。考虑模型的普适性,本书中的模型设置为跨边界污染的假设。

② 根据假设,产出水平是影响到环境损害的唯一因素,所以,环境税可以通过征收生产税的方式体现出来。

$$E\Pi_i(x_i, x_j, y_i, y_j) = \Pi_i(x_i, x_j, y_i, y_j, 0, 0) - R/2\,(\Pi_i(x_i, x_j, y_i, y_j, e_i, e_j) - \Pi_i(x_i, x_j, y_i, y_j, 0, 0))^2 \quad (2\text{-}5)$$

这里 $R > 0$ 表示风险规避系数(risk-aversion index),博弈由两阶段构成:

第一阶段:两国政府通过设置环境税或补贴来实现环境改善或拓展市场的目标,政府可以考虑合作与非合作两种不同的环境政策。

第二阶段:企业在给定的环境标准下按照古诺竞争方式形成两国市场的产出水平。

根据逆推归纳法,首先考虑两国企业的产出水平。由于企业被假设为古诺双寡头(Cournot duopolists),由(2-5)式求解一阶条件后可知:

$$q_i^i = q_i^j = \frac{a(1+\Delta) - (2+\Delta)\tau_i + \tau_j}{(1+\Delta)(3+\Delta)},\ q_j^i = q_j^j = \frac{a(1+\Delta) - (2+\Delta)\tau_j + \tau_i}{(1+\Delta)(3+\Delta)} \quad (2\text{-}6)$$

$$\Pi_i = \frac{(2+\Delta)(a(1+\Delta) - (2+\Delta)\tau_i + \tau_j)^2}{(1+\Delta)^2(3+\Delta)^2} \quad (2\text{-}7)$$

这里 $\Delta = R(1+\rho)\sigma^2$,其中 $\partial q_i^i(\text{or } q_i^j)/\partial\tau_i < 0$, $\partial q_j^i(\text{or } q_j^j)/\partial\tau_i > 0$ 且 $\partial\Pi_i/\partial\tau_i < 0$, $\partial\Pi_j/\partial\tau_i > 0$。由上式可知,考虑到环境生态的保护环境税 τ_i 可以降低企业 i 的产出水平,由此可能导致市场份额和生产利润转移到国家 j。这样,如果政府对自己的企业征收环境税,它需要在社会福利中的环境改善和企业市场份额下降之间寻求平衡。仅就环境税对市场的战略影响而言,政府缺乏执行环境政策的动机,而给企业提供补贴反而可以获得更高的市场份额。

三、相关市场条件下的最优环境政策及其影响

在企业产出水平确定后,根据逆推归纳法应考虑博弈第一阶段的环境税设置。在下文中,非合作与合作的最优环境税及对社会福利各组成部分的影响将被分别讨论。在非合作博弈中,每个国家将根据自己国家福利水平来确定单边的最优环境税水平,并不考虑该政策给其他国家环境带来的影响。在合作博弈的条件下,两个国家的政府通过优化联合的社会福利函数来确定最优环境政策,而这个策略显然考虑了双边的环境损害问题。

（一）相关市场条件下的非合作均衡

考虑到两国市场的对称性，本章主要考虑在国家 i 中形成的局部均衡（partial equilibrium），给定随机需求的方差 σ^2 和市场间相关因子 ρ，国家 i 的政府通过环境税 τ_i 极大化自己的社会福利水平。在两国对称性的条件下，可知 $\tau_i = \tau_j = \tau^{co}$，这里上标 co 表示存在相关需求的情形，则国家 i 福利函数的一阶条件为：

$$\frac{\partial W_i}{\partial \tau_i} = \frac{\partial \Pi_i}{\partial \tau_i} + \frac{\partial S_i}{\partial \tau_i} + \frac{\partial T_i}{\partial \tau_i} - \frac{\partial D_i}{\partial \tau_i}$$

$$= \underbrace{\frac{-2(2+\Delta)^2(a-\tau^{co})}{(1+\Delta)(3+\Delta)^2}}_{(-)} + \underbrace{\frac{-2(a-\tau^{co})}{(3+\Delta)^2}}_{(-)} + \underbrace{\frac{2(a(1+\Delta)-(3+2\Delta)\tau^{co})}{(1+\Delta)(3+\Delta)}}_{(+)\text{or}(-)}$$

$$- \underbrace{\frac{-2D_i'(q_i)(2+\Delta-\theta)}{(1+\Delta)(3+\Delta)}}_{(-)} \tag{2-8}$$

在公式(2-8)中，第一项为环境税对生产利润的转移作用；第二项为环境税对消费者剩余的影响，由于国家 i 的市场总产出水平随着环境税增加而下降，故消费者剩余也相应下降；第三项为政府的税收收益与环境税率的关系，当相关市场因子 $\Delta(\sigma^2, \rho, R)$ 充分大时，规避风险的意愿使得双方产量已经缩减，环境税率会进一步降低产量，这样可能使得税收总收益下降；最后一项为环境税对环境损害的影响，由于总的产出水平随着环境税减少，故环境损害也将相应降低。在此基础上，我们考虑随机需求的方差、相关因子和风险态度的组合对非合作政策均衡的影响。由于环境税的利润来源于企业的生产利润，故将(2-8)式中第 1 项和第 3 项相加，这样即可考虑环境税对生产总利润的影响。由此可知：

$$\frac{\partial \Omega_i}{\partial \tau_i} = -\frac{(a+(5+5\Delta+\Delta^2)\tau^{co})}{(1+\Delta)(3+\Delta)^2} \tag{2-9}$$

由公式(2-8)和(2-9)可知：

$$\frac{\partial}{\partial \Delta}\left(\frac{\partial \Omega_i}{\partial \tau_i}\right) = \frac{2(a(5+3\Delta)+(10+14\Delta+7\Delta^2+\Delta^3)\tau^{co})}{(1+\Delta)^2(3+\Delta)^3} > 0 \tag{2-10}$$

$$\frac{\partial}{\partial \Delta}\left(\frac{\partial S_i}{\partial \tau_i}\right) = \frac{4(a-\tau^{co})}{(3+\Delta)^3} \tag{2-11}$$

此外，将生产阶段子博弈均衡中的产出水平代入环境污染的社会成本函数后，可知：

$$\begin{cases}\dfrac{\partial}{\partial\Delta}\left(-\dfrac{\partial D_i}{\partial\tau_i}\right)=-2D_i'(q_i)\dfrac{(5+2\Delta(2-\theta)+4\theta+\Delta^2)}{(1+\Delta)^2(3+\Delta)^2}- \\ \qquad 4D_i''(q_i)\dfrac{(a-\tau^{co})(2+\Delta-\theta)}{(1+\Delta)(3+\Delta)^3}<0 \quad \text{if } \Delta>0 \\ \dfrac{\partial}{\partial\Delta}\left(-\dfrac{\partial D_i}{\partial\tau_i}\right)=-4D_i''(q_i)\dfrac{(a-\tau^{co})(2+\Delta-\theta)}{(1+\Delta)(3+\Delta)^3}<0 \ \text{if } \Delta=0\end{cases} \tag{2-12}$$

根据公式(2-10)和(2-11)可知，$\partial(\partial\Omega_i(\text{or}S_i)/\partial\tau_i)/\partial\sigma^2>0$ 和 $\partial(\partial\Omega_i(\text{or}S_i)/\partial\tau_i)/\partial R>0$，这表明$\sigma^2$和R的上升均会弱化环境税对生产者总利润的抑制作用。这是因为企业i在随机需求和风险意愿加强的条件下为规避市场风险已经抑制了产出水平，故通过政策工具 τ_i 抑制生态倾销的效果会随之下降。同理，由于$\partial(-\partial D_i/\partial\tau_i)/\partial\sigma^2<0$且$\partial(-\partial D_i/\partial\tau_i)/\partial R<0$，这表明由税收形成的环境改善会被市场中趋强的不确定性及风险规避意愿所降低。同时，公式(2-12)表明：由于污染的存在，政府则具备使用环境税将污染转移到其他国家的动机；但是，企业的产出意愿被需求不确定性降低后，税收导致污染转移的动机也会被削弱。另一方面，根据公式(2-10)至公式(2-12)可知，$\partial(\partial\Omega_i(\text{or}S_i)/\partial\tau_i)/\partial\rho>0$且$\partial(-\partial D_i/\partial\tau_i)/\partial\rho<0$，即两国需求的风险如呈正相关性，则两国市场的风险无法有效分散，正相关性趋强的企业倾向于削减产量规避市场需求的波动，故弱化了政策工具对生产者剩余、消费者剩余和环境改善的作用。但是，如果两国市场风险呈负相关特征，市场的组合风险被相对分散，则两国企业均存在生态倾销的动机；在此条件下，环境税可更好地抑制这种倾销动机，即负相关性越强可起到强化政策工具的效果①。由公式(2-8)导出的最优环境税可由下式表示：

$$\tau_i^{co}=\frac{D_i'(q_i)(3+\Delta)(2+\Delta-\theta)-a(2+\Delta)}{(2+\Delta)^2} \tag{2-13}$$

这里，$D_i'(q_i)$ 是 q_i 的边际环境损害。将(2-13)式代入到(2-6)式以后，禁止性关税 t_i^p (prohibitive tax)的条件可以被导出，在 $a\leqslant D_i'(q_i)(2+\Delta-\theta)/(2+\Delta)$ 的条件下，企业不会生产②。当 $D_i'(q_i)$ 充分大的条件下，τ_i 为正值，即两个国家的政府都倾向于对自己的企业征收环境税。在这种情况下，环境污染已经严重到政府必须加以控制的程度，否则环境主义者会给政府施加压力。相反，政府

① 这个原理类似于资产组合理论中的原理，在存在随机相关的风险资产的条件下，资产间正相关性越强，则风险无法通过资产组合有效分散；而资产间负相关性越强，尽管每个品种存在波动性，但是仍然可以通过资产组合潜在地降低风险。

② 将公式(13)代入到(6)式中，企业 i 的最优产出水平为$(a(2+\Delta)-D_i'(q_i)(2+\Delta-\theta))/2(2+\Delta)$。

会在污染轻微的情况下存在提供补贴的动机，以促使本国企业获取更大的市场份额。为了比较 τ_i 在相关需求和确定需求条件下的水平，令 $\Delta=0$，τ_i^{de} 代表在确定需求条件下的最优环境税水平，则两变量的关系可由下式表示：

$$\tau_i^{co}-\tau_i^{de}=\frac{\Delta(2(a-D_i'(q_i))(2+\Delta)+D'(q_i)(8+3\Delta)\theta)}{4(2+\Delta)^2} \quad (2\text{-}14)$$

由(2-14)公式可知，当 $a>\frac{D_i'(q_i)(2(2+\Delta)-3\Delta\theta-8\theta)}{2(2+\Delta)}$ 时上式即可满足，由此可知：

$$\begin{cases}\tau_i^{co}=\tau_i^{p},\tau_i^{co}>0 & \text{if}\quad a\geqslant D'_i(q_i)\left(\frac{2+\Delta-\theta}{2+\Delta}\right)\\ \tau_i^{co}>\tau_i^{de},\tau_i^{co}\geqslant 0 & \text{if}\quad D'_i(q_i)\left(\frac{2+\Delta-\theta}{2+\Delta}\right)<a\leqslant D'_i(q_i)\left(\frac{(3+\Delta)(2+\Delta-\theta)}{2+\Delta}\right)\\ \tau_i^{co}>\tau_i^{de},\tau_i^{co}<0 & \text{if}\quad a>D'_i(q_i)\left(\frac{(3+\Delta)(2+\Delta-\theta)}{2+\Delta}\right)\end{cases} \quad (2\text{-}15)$$

推论 1. 当 $a<D_i'(q_i)\left(\frac{(3+\Delta)(2+\Delta-\theta)}{2+\Delta}\right)$ 时，两个政府的非合作最优环境政策是对企业的产出征收环境税，当 $a>D_i'(q_i)\left(\frac{(3+\Delta)(2+\Delta-\theta)}{2+\Delta}\right)$ 时则向企业提供补贴。当市场中存在生产动机的条件下，相关市场条件下的环境税 τ_i（或生产补贴）大于（或小于）确定性模型条件下的水平。

根据推论 1，当产出的边际环境损害充分大的时候，政府倾向于选择环境税以期实现转移污染和改善本国环境的目标。随着市场的随机需求风险、正相关性和风险意愿的上升，两个企业倾向于限制生态倾销，且市场价格被推升；但负相关性增强后，市场组合风险的降低反而会弱化企业对随机需求的上述战略反应。同时，由上文可知，随机需求风险、正相关性和风险意愿会弱化环境税对生产者利润、消费者剩余和环境改善的影响，所以，在相关市场条件下政府倾向于采取更加严格的环境政策来保证污染转移和其他政策目标的实现。但是，在负相关性增强的条件下，风险规避因素的动机被减弱，环境税的污染控制作用递增，这会降低相关需求条件下的环境税水平。同理，两个市场完全负相关（$\rho=-1$），即市场组合风险可以下降为 0，故此时的环境税水平和确定性需求条件下的环境税水平一致。如果边际环境损害不是充分大，则政府将给企业提供生产补贴来获取更大的生产者剩余和消费者剩余；与上述原因相同，政策工具效果被随机相关需求所强化，政府需要选择比确定需求条件下更低的生产补贴。

（二）相关需求条件下的合作均衡

在合作政策的条件下，两国政府通过设置最优环境政策来优化联合福利水平，企业在这个合作税收水平约束下再进行产量竞争。这样，最优化问题由下式给定：

$$\max_{\tau_i,\tau_j}(W_i+W_j)=(\Pi_i+\Pi_j)+(S_i+S_j)+(T_i+T_j)-(D_i+D_j) \tag{2-16}$$

为了分析政策合作及相关需求对环境税的影响，仍然首先考虑其对社会福利各组成部分的改变，这样可以评价与非合作均衡中政策动机偏离的原因。在(2-8)式中，已经知道环境税对非合作条件下社会福利各因素的影响，故仅需考虑 $(\partial(W_i+W_j)/\partial\tau_i)-(\partial W_i/\partial\tau_i)$ 的情况，这样可简化为对 $\partial W_j/\partial\tau_i$ 的分析。当 $\partial W_j/\partial\tau_i>0$，则意味着合作均衡条件下存在更加严格的环境标准（或更高的环境税），反之亦然。由于两国市场的对称性，故两国的消费者剩余是完全一致的，环境税 τ_i 对国家 j 和国家 i 消费者剩余的影响也是一致的。故仅需考虑 τ_i 对国家 j 利润转移动机和环境损害成本的影响，这可由下式表示：

$$\frac{\partial\Omega_j}{\partial\tau_i}=\frac{2(a(2+\Delta)+\tau^{co})}{(1+\Delta)(3+\Delta)^2}>0-\frac{\partial D_j}{\partial\tau_i}=\frac{2D_i'(q_i)((2+\Delta)\theta-1)}{(1+\Delta)(3+\Delta)} \tag{2-17}$$

由(2-17)式可知，本国环境税上升有助于他国的利润转移行为；同时，当 $\theta>1/(2+\Delta)$ 时，本国环境税上升限制了本国企业的污染转移动机，而使得他国的环境质量上升，反之，当跨边界污染因子充分小时，本国环境税上升使得外国企业产量加大而导致其环境质量下降。

同时，考虑到随机需求、市场相关性及风险态度对政策因素的影响，由公式(2-17)导出下式：

$$\frac{\partial}{\partial\Delta}\left(\frac{\partial\Omega_j}{\partial\tau_i}\right)=\frac{-2(a(7+7\Delta+2\Delta^2)+(5+3\Delta)\tau^{co})}{(1+\Delta)^2(3+\Delta)^3}<0 \tag{2-18}$$

$$\begin{cases}\dfrac{\partial}{\partial\Delta}\left(-\dfrac{\partial D_j}{\partial\tau_i}\right)=D_i'(q_i)\dfrac{4(2+\Delta)-2(5+4\Delta+\Delta^2)\theta}{(1+\Delta)^2(3+\Delta)^2}- \\ \qquad D_i''(q_i)\dfrac{4(a-\tau^{co})((2+\Delta)\theta-1)}{(1+\Delta)(3+\Delta)^3} & \text{if}\quad \Delta>0 \\ \dfrac{\partial}{\partial\Delta}\left(-\dfrac{\partial D_j}{\partial\tau_i}\right)=-D_i''(q_i)\dfrac{4(a-\tau^{co})((2+\Delta)\theta-1)}{(1+\Delta)(3+\Delta)^3} & \text{if}\quad \Delta=0\end{cases} \tag{2-19}$$

比较公式(2-8)和(2-17)，较之非合作政策，合作政策存在双重的市场效应。一方面，从抑制双边生产利润转移的动机考虑，政府倾向于更加宽松的环境政策；另一方面，在合作均衡中，由于向他国污染转移的动机同时被控制，合作政策又会导致双方采取协调一致且更加严格的环境政策，这样反而削弱了市场中生态倾销的动机。所以，合作环境政策较之非合作政策是否更加严厉或宽松将取决于上述两种市场效应的结果比较。根据公式(2-18)，可以推知 $\partial(\partial\Omega_j/\partial\tau_i)/\partial\sigma^2>0$ 且 $\partial(\partial\Omega_j/\partial\tau_i)/\partial R>0$，这意味着随机需求和风险偏好会弱化了合作政策抑制利润转移的实施效果。同时，由于 $\partial(\partial\Omega_j/\partial\tau_i)/\partial\rho>0$，与非合作均衡中的情况类似，市场间的正相关性越强，则随机需求风险无法加以有效规避，故企业限制产量的动机越强，会导致政策实施的效果被削弱。相反，各市场间的负相关性趋强时，两国市场的组合风险降低，则合作政策对生态倾销动机的控制效果会被强化。相关市场因子对环境质量改善的影响相对复杂。在 $\Delta>0$ 时，为了获得简明的结论，我们令 $D_i'(q_i)\gg D_i''(q_i)$，根据公式(2-17) 和(2-19) 可知，当 $0\leqslant\theta<1/(2+\Delta)$ 时，$-\partial D_j/\partial\tau_i<0$ 且 $\partial(-\partial D_j/\partial\tau_i)/\partial\Delta>0$，即相关市场因子 $\Delta(\sigma^2,\rho,R)$ 上升会导致国家 i 环境税对国家 j 的环境恶化影响程度的下降；当 $1/(2+\Delta)<\theta<(2(2+\Delta))/(5+4\Delta+\Delta^2)$ 时，$-\partial D_j/\partial\tau_i>0$ 且 $\partial(-\partial D_j/\partial\tau_i)/\partial\Delta>0$，即相关市场因子出现的增量会强化国家 i 对国家 j 的环境质量的改善程度；当 $(2(2+\Delta))/(5+4\Delta+\Delta^2)<\theta\leqslant 1$ 时，$-\partial D_j/\partial\tau_i>0$ 且 $\partial(-\partial D_j/\partial\tau_i)/\partial\Delta<0$，即相关市场因子会强化国家 i 环境税对国家 j 的环境质量的改善程度。在 $\Delta=0$ 时，在 $0\leqslant\theta<1/(2+\Delta)$ 区间，易推知 $-\partial D_j/\partial\tau_i<0$ 且 $\partial(-\partial D_j/\partial\tau_i)/\partial\Delta>0$，即相关市场因子会弱化国家 i 环境税对国家 j 的环境损害；在 $1/(2+\Delta)<\theta\leqslant 1$ 区间，可知 $-\partial D_j/\partial\tau_i>0$ 且 $\partial(-\partial D_j/\partial\tau_i)/\partial\Delta<0$，市场因子会弱化环境税对国家 j 的环境改善。

为了进一步讨论合作与非合作条件下的环境标准，假设国家 i 的政府根据合作环境税 $\hat{\tau}_i$ 优化两国的联合福利函数，其一阶条件为：

$$\frac{\partial(W_i+W_j)}{\partial\tau_i}=\frac{\partial(\Pi_i+\Pi_j)}{\partial\tau_i}+\frac{\partial(S_i+S_j)}{\partial\tau_i}+\frac{\partial(T_i+T_j)}{\partial\tau_i}-\frac{\partial(D_i+D_j)}{\partial\tau_i}$$

$$=\underbrace{\frac{-2(2+\Delta)(a-\tau^{co})}{(3+\Delta)^2}}_{(-)}+\underbrace{\frac{-4(a-\tau^{co})}{(3+\Delta)^2}}_{(-)}+\underbrace{\frac{2(a-\tau^{co})}{(3+\Delta)}}_{(+)}-\underbrace{\frac{-2D_i'(q_i)(1+\theta)}{(3+\Delta)}}_{(-)} \tag{2-20}$$

这样，最优的合作环境税可由下式给出：

$$\hat{\tau}_i^{co}=\frac{(D'(q_i)(3+\Delta)(1+\theta)-a)}{2+\Delta} \tag{2-21}$$

比较公式(2-21)和(2-13),我们发现合作均衡环境税 $\hat{\tau}_i^{co}>0$ 的条件比非合作均衡条件下更加松弛。将公式(2-21)带入到公式(2-6)中,企业 i 禁止性关税 $\hat{\tau}_i^p$ 出现条件为 $D_i'(q_i)(1+\theta)\geqslant a$。同时,在 $a>D_i'(q_i)(3+\Delta)(1+\theta)$ 条件下,可知 $\partial\tau_i^{co}/\partial\Delta>\partial\hat{\tau}_i^{co}/\partial\Delta>0$,即 σ^2、ρ 和 R 的上升会导致 $\hat{\tau}_i^{co}$ 和 τ_i^{co} 的上升。比较合作均衡和非合作均衡条件下的环境政策,可知:

$$\hat{\tau}^{co}-\tau^{co}=\frac{2\theta(3+\Delta)D_i'(q_i)}{2(2+\Delta)} \tag{2-22}$$

$$\hat{\tau}^{co}-\hat{\tau}^{de}=\frac{\Delta(a-D_i'(q_i)(1+\theta))}{2(2+\Delta)} \tag{2-23}$$

在公式(2-22)和(2-23)的基础上,我们可以得到合作环境政策条件下政策工具的选择条件如下:

$$\begin{cases}\hat{\tau}_i^{co}=\hat{\tau}_i^{p},\ \hat{\tau}_i^{co}>0 & \text{if } D_i'(q_i)(1+\theta)\geqslant a\\ \hat{\tau}_i^{co}>\tau_i^{co},\ \hat{\tau}_i^{co}>\hat{\tau}_i^{de},\hat{\tau}_i^{co}>0 & \text{if } D_i'(q_i)(1+\theta)<a\leqslant D_i'(q_i)(3+\Delta)(1+\theta)\\ \hat{\tau}_i^{co}>\tau_i^{co},\ \hat{\tau}_i^{co}>\hat{\tau}_i^{de},\hat{\tau}_i^{co}\leqslant 0 & \text{if } a>D_i'(q_i)(3+\Delta)(1+\theta)\end{cases} \tag{2-24}$$

比较公式(2-15)和(2-24),可以获得推论 2 如下:

推论 2.

(1) 在相关市场条件下,最优合作关税(补贴)高于(低于)非合作条件下的关税(补贴);同时,跨边界污染因子和相关市场因子越大,合作关税与非合作关税的差距也相应加大。

(2) 在 $a\leqslant D_i'(q_i)\left(\frac{(3+\Delta)(2+\Delta-\theta)}{2+\Delta}\right)$ 条件下,合作与非合作的最优政策选择均为征收环境税,而 $\Delta(\sigma^2,\rho,R)$ 因子的上升,会使得非合作条件下环境税区间扩大,生产补贴区间缩小。

(3) 在 $D_i'(q_i)\left(\frac{(3+\Delta)(2+\Delta-\theta)}{2+\Delta}\right)<a\leqslant D_i'(q_i)(3+\Delta)(1+\theta)$ 条件下,合作条件下政府征收最优关税,而非合作条件下将提供最优补贴。$\Delta(\sigma^2,\rho,R)$ 因子上升,会使得合作条件下的环境税区间扩大,生产补贴区间缩小①。

(4) 当 $a>D_i'(q_i)(3+\Delta)(1+\theta)$ 时,非合作补贴量高于合作补贴量,跨边界污染因子 θ 和相关市场因子 Δ 越大,合作补贴与非合作补贴量的差距也相应加大。

① (2)和(3)中的最优税收包括在污染特别严重的条件下,政府征收禁止性关税。

推论 2 背后的经济学直觉是明显的。在合作条件下，政府需要同时考虑双边企业的污染转移和利润转移的动机，这点较之普通的战略贸易政策工具有更强的复杂性。如果政府控制利润转移的动机更强，则合作环境税水平应该高于非合作环境税，而其控制污染转移的动机越强，环境税应该低于非合作环境税的水平。根据推论 2 表明，在污染边际损害充分大时，即 $a \leqslant D_i'(q_i)\left(\frac{(3+\Delta)(2+\Delta-\theta)}{2+\Delta}\right)$，由于跨边界污染的存在限制了环境政策制定者向他国污染转移的效果，合作环境税的主要功效是进一步控制生态倾销，因此，相关需求条件下的合作环境税高于非合作条件下的水平①。与此同时，由于随机和相关需求弱化了政策效果，所以，Δ 越大则政府需要设定较之确定需求和非合作条件下更加严厉的税收水准。相反，当边际污染损害较小时，即 $a > D_i'(q_i)(3+\Delta)(1+\theta)$，政府在合作与非合作条件下均转向鼓励利润转移的动机，为获取更大的市场份额而向企业提供生产补贴。由于合作条件下对利润转移的限制作用导致合作补贴量低于非合作的补贴水平，且两种条件下补贴量的差距也由跨边界污染程度和相关需求因子决定。由于相关市场下合作补贴量低于其确定性需求及相关非合作条件下的补贴水平，由此也限制了生态倾销和环境损害的程度。当污染水平适度大的时候，即 $D_i'(q_i)\left(\frac{(3+\Delta)(2+\Delta-\theta)}{2+\Delta}\right) < a \leqslant D_i'(q_i)(3+\Delta)(1+\theta)$，在合作的环境政策条件下政府更加强调对污染的控制而选择合作税收作为政策工具，相反，在非合作状态下，政府则倾向于更大的企业利润而提供生产补贴。此外，根据推论 2 中的第(2)和(3)项，伴随 σ^2、ρ 和 R 上升，政府需要更加严厉的环境政策标准，其征收合作与非合作环境税的区间条件更加松弛，相反，提供生产补贴的区间会更加严格；此外，政府征收合作环境税的可行域也大于征收非合作环境税的可行域。

---

① 这个研究结论在确定性条件下与 Yu-Bong Lai 的研究结论一致，即合作环境税与非合作环境税的差异受到跨边界污染的影响，但本书的研究更深入地分析了相关市场因素对这个差异值的影响。

四、相关市场条件下环境贸易政策的预期效果

在合作与非合作博弈的条件下，当污染损害充分大，政府倾向于对企业产出征收环境税，否则，则通过生产补贴来获取更大的市场份额。当跨边界污染存在的前提下，相关需求条件下的最优环境税均高于确定需求条件下的水平，随机需求、市场正相关性和风险规避态度都刺激了政府设定更高环境税的动机，然而，市场间的负相关性使得组合风险相对下降并且降低了这种提升税收水平的政策动机。这种政策形成的主要原因在于随机需求、市场间正相关性和风险规避态度限制了企业的生态倾销动机，同时也削弱了政策的实施效果，故政府需要更加严厉的环境政策（更高的关税或较低的补贴）来反映其对环境的关注，从而客观上限制了生态倾销。而且，由于向他国进行生态倾销的动机被约束后，合作环境税的水平会高于古诺纳什均衡的环境税；其原因在于生态倾销是一种类似囚徒困境的策略行为，双方非合作的政策会放松环境标准来实现利润转移，而合作政策对政府这种策略动机的控制也抑制了生态倾销。由此，一个可以合理演绎出的结论是随着世界经济一体化的推进，一方面各国市场需求的相互影响愈加紧密，另一方面政府在环境及贸易政策上合作更加频繁，这些因素都会推动环境标准的提高，并形成有效的环境质量改善。

由上述结论可知，尽管本章的推导依托于一些严格的假设，本章的研究结果仍然很好地揭示了相关需求对国际贸易中环境政策及生态倾销的影响。在经济现实中，政策制定者面对的问题可能更加复杂，比如，在设置社会福利函数过程中，可能在环境主义者的压力下需要调整环境质量的政策权重，同时也可能面对使用贸易政策和环境政策的选择性。但是，对于大多数类似的战略环境政策问题，本书的研究结论仍然具有稳健性，存在的局限可以留待以后对本模型进行拓展研究。

第三章

绿色补贴、技术溢出及生态倾销

一、绿色补贴及外溢效应的内涵

当前，环境贸易政策由于战略目的和实施效果的复杂性正受到越来越多的关注。大量的研究表明战略环境政策具有和传统贸易政策近似的特征，即环境贸易政策的实施最终可能使得本国产业在贸易竞争中获得更高的利润。但是，与传统贸易政策不同，环境贸易政策的实施必须兼顾改善环境质量的战略考虑，其形成的策略反应过程中也伴随着环境标准相应的增强或放松。本章研究的绿色补贴是特指政府专门用于环境设备和技术改造的一种补贴方式；与传统的出口补贴和 R&D 补贴不同，它不但能影响到企业的污染控制成本，同时也会间接影响到本国的环境质量。而且，当前的国际贸易领域中，绿色补贴作为一种常见的补贴形式是被 WTO 所允许的，而出口补贴则已经被要求禁止和削减。由于绿色补贴的初衷是降低产品的污染成本和由此引致的社会成本，故绿色补贴的存在似乎具有更为正当的理由。

本章的研究是建立在 Brander-Spencer（1983，1985）的研究框架下扩展变量来考虑环境贸易政策和生态倾销（eco-dumping）的问题。前期相关研究具有类似的模型基础，Barrett（1994）的论文中指出，如果本国产业属于垄断类型，外国产业属于不完全竞争的市场结构，且市场竞争类型为古诺竞争，则本国政府就一定存在设置一个"弱"的环境标准的动机。这里"弱"是指边际减污成本低于污染造成的边际环境损害。相反，如果国内产业具有寡头垄断格局，则其利用环境标准的动机就会下降，甚至可能变成执行"强"的环境标准，所谓"强"则意味着边际减污成本超过了相关的边际环境损害。Ulph（1996）论文结论表明：在考虑到生产者的策略动机后，政府实施环境政策干预的动机反而下降了；相反，在考虑到政府干预策略的条件下，生产者进行绿色技术开发的动机却得到增强。此外，在政府使用环境税，而不是污染排放标准的时候，政府和生产者都具有更强的策略行为。与此同时，Ulph（1994，1995），Bradford 和 Simpson（1996）的研究中还包含了降低污染成本的模型，在这里边际生产成本可能随着环境政策的加强而相应下降。在这些模型中，企业在参与生产阶段的竞争之前已经接受了技术和研制开发的补贴。边际生产成本可能由于严格的环境贸易政策而下降，环境政策则更加依赖于 R&D 决策和生产决策的时间设置。在涉及到最优政策的研究中，几乎所有的研究者均发现，在企业参与产量竞争且减污成本与产量同时确定的条件下，生态倾销始终是最优的环境贸易政策。

与上述研究不同，本书侧重研究政府给本国企业提供单边绿色补贴，同时按照 EOS 准则来确定自己的环境标准，则绿色补贴可以通过改变古诺产出水平和环境标准设置的策略效应来影响本国的福利水平，然而，绿色补贴的存在会导致本国环境标准的放松，反而使得本国环境存在恶化的可能性。即使存在技术外溢的条件（由于本书假设绿色补贴带来的技术溢出效应不能超过它自身的效应），这个结论的属性也依然保持。同时，本书的研究表明，溢出效应越高，则绿色补贴量也相应地加大，即溢出形成了出口国之间在绿色补贴上的囚徒困境，其在改善贸易竞争国的福利水平同时，亦可提高本国的环境质量。

在本章的第二节，我们构造了一个三阶段的博弈模型来分析绿色补贴对贸易和环境的影响。在这个模型中，环境标准被假设为按照 EOS 标准来设定，然后考虑绿色补贴对古诺产出和环境标准的影响。在本章的第三节中，在假设不存在绿色补贴所导致的技术溢出的条件下，我们考虑了绿色补贴对贸易国福利水平、环境损害总成本及生产者剩余直接和间接的影响。在本章的第四节，模型扩展中允许绿色技术的溢出；同时，本章还讨论了这种绿色技术的溢出对两个竞争国福利和环境的进一步影响。主要结论和研究展望构成本章的第五节。

二、绿色补贴作用机制的理论模型

假设本国和外国各自拥有一个出口企业，分别向世界市场提供同质产品 x 和 y；这个世界市场的反需求函数为 $p(Q)=A-Q$（$Q=x+y$，A 为常数且 $A>0$），并且被设置为线性反需求函数。两国生产者选择的污染减轻程度分别为 a_h 和 a_f，两国企业在生产过程中产生的污染扩散水平为 τ 和 φ，则始终存在 $a_h\equiv x-\tau$ 和 $a_f\equiv y-\varphi$。由于本书的研究不涉及到生产的边际成本，所以总成本简化为仅由环境污染治理成本构成，考虑到环境投资的边际收益递减的状态，分别令其为 $a_h^2/2$ 和 $a_f^2/2$。两国企业生产所造成的环境损害均被假设为本地的（即排除了跨边界污染的可能性），则环境损害总成本可以表示为：$D_h=d\tau^2/2$ 和 $D_f=d\varphi^2/2$（$d>0$）。令 γ 表示政府对绿色技术的单位补贴，且 $\gamma\in[0,1]$，令 $\phi=1-\gamma$，ϕ 越小则政府给企业提供的绿色补贴越高。同时，本书中 η 表示由这种绿色补贴促使环保技术改善所形成的外部效应，事实上，也可以作为这种绿色补贴的一种外溢形式；令 $\beta = 1-\eta$ 且 $\eta \in [0, 1]$，即 β 值越小，技术溢出的比重就越高。由于考虑到新技术的溢出参数，不能超过绿色补贴本身的效果，故存在 $\beta > \phi$。在给定上述变量的条件下，两国企业的利润函数分别由下式给定：

$$\begin{cases} \pi_h = \Pi_h(x, y, \tau, \phi) = (A-x-y)x - \dfrac{\phi(x-\tau)^2}{2} & (3\text{-}1) \\ \pi_f = \Pi_f(x, y, \phi, \beta) = (A-x-y)y - \dfrac{\beta(y-\varphi)^2}{2} & (3\text{-}2) \end{cases}$$

本章探探讨的博弈过程将分为三个阶段进行：第一阶段，政府考虑对企业提供绿色补贴的额度，以改善本国的环境，并实现其利润转移的策略目的。第二阶段，政府在给定绿色补贴的条件下，按照最优环境标准①(EOS)(边际污染降低成本等于边际环境损害)来确定本国的污染控制标准。第三阶段，企业在政府策略变量给定的情况下，在第三国市场上进行古诺竞争，确定双方的产出水平。根据利润函数的一阶条件可知两国企业在本国市场的古诺纳什均衡为：

$$\begin{cases} x = X(\tau, \varphi, \phi, \beta) = \dfrac{A(1+\beta)+(2+\beta)\tau\phi-\beta\varphi}{3+2\phi+\beta(2+\phi)} & (3\text{-}3) \\ y = Y(\tau, \varphi, \phi, \beta) = \dfrac{A(1+\phi)-\tau\phi+(2+\phi)\beta\phi}{3+2\phi+\beta(2+\phi)} & (3\text{-}4) \end{cases}$$

由古诺纳什均衡可知，因为 β、$\varphi \in [0,1]$，所以有：

$$\partial x/\partial\tau = [(2+\beta)\phi]/[3+2\phi+\beta(2+\phi)] > 0$$
$$\partial y/\partial\phi = [(2+\phi)\beta]/[3+2\phi+\beta(2+\phi)] > 0$$

这意味着各国设定的环境标准越高会削弱该国产品的市场份额，而导致利润向他国企业的转移。另一方面由于存在：

$$\partial x/\partial\phi = \{(2+\beta)\times[3\tau+2\beta\tau+\beta\varphi-A(1+\beta)]\}/[3+2\phi+\beta(2+\phi)]^2$$
$$\partial y/\partial\phi = [A(1+\beta)-3\tau-2\beta\tau-\beta\varphi]/[3+2\phi+\beta(2+\phi)]^2$$

当常数 A 满足 $A \in [(3\tau+2\beta\tau+\beta\phi)/(1+\beta), +\infty)$，即 A 足够大的情况下，$\partial x/\partial\phi < 0$ 且 $\partial y/\partial\phi > 0$，说明各国绿色补贴的使用恰好可以从相反的方向改善由本国环境标准的实施而导致本国企业产量的下降，因为绿色补贴使本国企业的生产成本减少，提高了本国企业的竞争力，所以此时竞争国企业的

① Ulth(1992)在研究环境标准和环境税的过程中，使用了 EOS 和 SOS 两种准则。其使用 EOS 标准时候，结果与本书类似。

市场份额减小。

同时，由于存在：

$$\partial x/\partial\beta = [A(1+\phi) - \tau\phi - 3\varphi - 2\phi\varphi]/[3+2\phi+\beta(2+\phi)]^2$$

$$\partial y/\partial\beta = [2\tau\phi + \tau\phi^2 + 6\varphi + 7\varphi\phi + 2\varphi\phi^2 - (2+\phi)(1+\phi)A],$$

$$[3+2\phi+\beta(2+\phi)]^2$$

当常数 A 满足 $A \in [(\tau\phi+3\varphi+2\varphi\varphi)/(1+\phi), +\infty)$，即 A 足够大的情况下，$\partial x/\partial\beta > 0$ 且 $\partial y/\partial\beta < 0$，这说明绿色环保技术的溢出降低了技术模拟型企业的环保成本，并刺激了企业产出的扩张；但是，对于绿色技术创新的企业而言，由于必须考虑到竞争者产出水平的提升已经成为事实，其策略反应的结果必然是削减自身的产出量。

在给定企业古诺产出的条件下，根据逆推归纳法，将分析政府如何设计各自的环境标准。考虑到污染导致的损害，政府的社会福利将由企业利润、出口补贴和环境因子共同构成，故两国的福利函数可由下式表示：

$$\begin{cases} w_h = W_h(x, y, \tau) = (A-x-y)x - \dfrac{(x-\tau)^2}{2} - \dfrac{d\tau^2}{2} & (3\text{-}5) \\ w_f = W_f(x, y, \varphi, \beta) = (A-x-y)y - \dfrac{\beta(y-\varphi)^2}{2} - \dfrac{d\varphi^2}{2} & (3\text{-}6) \end{cases}$$

由于本书的重点是分析绿色补贴在国际贸易和环境规制中的作用，故假设两国政府按照环境最优准则（EOS）来设定各自的污染扩散标准。由 $\partial w_h/\partial\tau = 0$ 和 $\partial w_f/\partial\varphi = 0$ 可知 $\tau = x/(1+d)$，$\varphi = \beta y/(\beta+d)$；同时，为了简化计算，令 $d = 2$，可得出两国的污染扩散水平为：

$$\begin{cases} \tau = \Gamma(\varphi, \beta) = \dfrac{A(3+2\beta)}{4\beta(3+\phi)+3(9+4\phi)} & (3\text{-}7) \\ \varphi = \Phi(\phi, \beta) = \dfrac{A(3+2\phi)}{4\beta(3+\phi)+3(9+4\phi)} & (3\text{-}8) \end{cases}$$

由(3-7)和(3-8)式可知 $\partial\tau/\partial\phi < 0$ 且 $\partial\varphi/\partial\phi > 0$，由此推知 $\partial\tau/\partial\gamma > 0$ 且 $\partial\varphi/\partial\gamma < 0$。可见，本国政府给予的绿色补贴使得本国污染扩散的环境标准有所放松，却刺激外国政府选择更为严格的污染扩散标准。因此，绿色补贴在放松本国环境控制标准的同时，由于降低了外国政府和企业进行生态倾销的策略动机，反而具有改善竞争国生态环境的可能性。

（一）无技术溢出条件下绿色补贴的策略效应

在经济现实中，如果存在严格的知识产权保护和较大的投资能力差异，无技术溢出的经济均衡也是可能达成的。在无技术溢出的条件下（即 $\beta=1$），则(3-3)、(3-4)、(3-7)和(3-8)式可简化为：

$$\begin{cases} x = X(\tau,\ \varphi,\ \phi) = \dfrac{2A + 3\tau\phi - \varphi}{5 + 3\phi} & (3\text{-}9) \\ y = Y(\tau,\ \varphi,\ \phi) = \dfrac{A + 2\varphi + (A - \tau + \varphi)\phi}{5 + 3\phi} & (3\text{-}10) \end{cases}$$

$$\begin{cases} \tau = \Gamma(\phi) = \dfrac{5A}{39 + 16\phi} & (3\text{-}11) \\ \varphi = \Phi(\phi) = \dfrac{(3 + 2\phi)A}{39 + 16\phi} & (3\text{-}12) \end{cases}$$

由于博弈已经延伸到第一阶段，政府将会考虑如何制定最优绿色补贴的标准；首先，假设本国政府不考虑两国生产者的策略反应，仅依据本国的环境最优标准（EOS）来设定污染扩散水平，此时两国企业的利润函数分别为 $\pi_h = \Pi_h(\tau)$，$\pi_f = \Pi_f(\varphi)$。根据包络定理，本国企业利润函数的一阶条件为：

$$\frac{\mathrm{d}\pi_h}{\mathrm{d}\phi} = \frac{\mathrm{d}\Pi_h}{\mathrm{d}\tau}\frac{\mathrm{d}\Gamma}{\mathrm{d}\phi} = \phi(x - \tau)\frac{\mathrm{d}\Gamma}{\mathrm{d}\phi} \tag{3-13}$$

如果 $\phi\neq0$（后文可以证明政府设定的最优绿色补贴 $\phi\neq0$），因为 $\mathrm{d}\tau/\mathrm{d}\phi=-80A/(39+16\phi)^2<0$，则始终存在 $\mathrm{d}\pi_h/\mathrm{d}\phi<0$，即 $\mathrm{d}\pi_h/d\gamma>0$；这样，随着绿色补贴上升，环境规制愈加宽松，本国企业产出水平上升且生产利润会相应地增长。此外，由于 $\mathrm{d}\tau/\mathrm{d}\gamma>0$，且本国的环境损害为 $D_h=\mathrm{d}\tau^2/2$ 且 $d>0$，使得 $dD_h/\mathrm{d}\gamma>0$，这意味着环境标准的放松可能招致更大的环境损害成本。由于福利函数主要由这两方面构成，故最优绿色补贴的设定取决于这两种对立的因素中谁占据了主导作用，此时两国政府的福利函数分别为：$w_h = W_h(x,\ \tau)$，$w_f = W_f(y,\ \phi)$。本国企业福利函数的一阶条件为：

$$\begin{aligned} \frac{\mathrm{d}w_h}{\mathrm{d}\phi} &= \frac{\partial W_h}{\partial\tau}\frac{\mathrm{d}\Gamma}{\mathrm{d}\phi} + \frac{\partial W_h}{\partial x}\frac{\mathrm{d}X}{\mathrm{d}\phi} \\ &= (x - \tau - \mathrm{d}\tau)\frac{\mathrm{d}\Gamma}{\mathrm{d}\phi} + (A - 3x - y + \tau)\frac{\mathrm{d}X}{\mathrm{d}\phi} \end{aligned} \tag{3-14}$$

仍然令 $d=2$，且将(3-7)～(3-10)式代入(3-12)式后可知：

$$\partial w_h/\partial\tau = 0,\ \partial w_h/\partial \mathrm{x} = 10A(\phi - 1)/(39 + 16\phi)$$

上文已证明在 A 足够大的情况下有 $\partial x/\partial\varphi<0$，因此，容易推出此条件下本国政府提供的最优绿色补贴为 $\phi^{eos}=1$，即 $\gamma^{eos}=0$。这意味着在政府不考虑绿色补贴产生的各种策略效应的条件下，政府不存在单方提供绿色补贴的动机，因为绿色补贴必然会导致政府偏离边际污染降低成本等于边际环境损害成本的最优环境标准，损害在此准则下的福利水平。但是，事实上，绿色补贴不仅会直接导致双边产出水平的改变，而且，还会通过改变EOS条件下的环境标准来间接影响产出水平的变动。为了便于进一步分析竞争者的策略反应所导致绿色补贴的相应变化，本书先考虑绿色补贴直接影响产出水平条件下的最优补贴量，在这种情况中，两国政府的福利函数分别为 $w_h=W_h(x, y, \tau)$，$w_f=W_f(x, y, \varphi)$；企业的产出函数分别为：$x=X(\phi)$，$y=Y(\phi)$。此时，企业利润函数和环境损害成本的一阶条件仍然同前，但政府福利函数的一阶条件则为：

$$
\begin{aligned}
\frac{\mathrm{d}w_h}{\mathrm{d}\phi}&=\frac{\partial W_h}{\partial x}\frac{\mathrm{d}X}{\mathrm{d}\phi}+\frac{\partial W_h}{\partial y}\frac{\mathrm{d}Y}{\mathrm{d}\phi}+\frac{\partial W_h}{\partial \tau}\frac{\mathrm{d}\Gamma}{\mathrm{d}\phi}\\
&=(A-3x-y+\tau)\frac{dX}{\mathrm{d}\phi}-x\frac{dY}{\mathrm{d}\phi}+(x-\tau-\mathrm{d}\tau)\frac{\mathrm{d}\Gamma}{\mathrm{d}\phi}
\end{aligned}
\tag{3-15}
$$

同样令 $d=2$，将(3-9)－(3-12)式代入(3-15)式，可以解出此条件下政府愿意提供的最优绿色补贴为：$\varphi^{sos}=0.5$，即 $\gamma^{sos}=0.5$。将 $\varphi^{eos}=1$ 和 $\varphi^{sos}=0.5$ 分别代入公式(9)－(12)及本国利润和福利函数后可知：$w_h^{sos}>w_h^{eos}$，$D_h^{eos}<D_h^{eos}$，$\pi_h^{sos}>\pi_h^{eos}$ 且 $\tau^{sos}>\tau^{eos}$，同理，将其代入外国的利润及福利函数后可知：$w_f^{sos}<w_f^{eos}$，$D_f^{eos}>D_f^{eos}$，$\pi_f^{sos}<\pi_f^{eos}$ 且 $\varphi^{sos}<\varphi^{eos}$。可见，如果政府向企业提供适量的绿色补贴则会降低本国企业的减污成本，促使企业拓展市场份额和提高生产利润。但是，过高的绿色补贴也会导致产出的过度膨胀，伴随着环境标准的相应放松，可能导致环境损害成本的大幅上扬，从而使得本国社会总福利水平下降。另一方面，绿色补贴对外国企业形成了策略上的压力，它需要在给定本国企业产出扩张的条件下来进行策略反应，导致其部分利润转移到了本国企业。而对整个外国的福利水平而言，绿色补贴在产出策略反应方面形成的负面效应超过了其在环境改善方面产生的积极作用，因而绿色补贴造成外国福利水平的下降。

从经济现实的角度出发，绿色补贴事实上会改变贸易双方最优的污染控制标准(即使按照EOS标准选择污染控制水平，绿色补贴仍然可作为外生变量影响到污染标准的变化)，这样，两国企业都应会根据EOS标准的改变相应地调整自身的古诺产出，形成绿色补贴客观上对本国福利水平的间接影响，此时，两国政府的福利函数仍然相同，分别为：$w_h=W_h(x, y, \tau)w_f=W_f(x,$

y, φ)；但是两国企业的产出函数分别为 $x = X(\tau, \varphi, \phi)$，$y = Y(\tau, \varphi, \phi)$。因此，在同时考虑到绿色补贴的直接和间接效应的条件下，本国福利函数的一阶条件由下式给定：

$$\frac{\mathrm{d}w_h}{\mathrm{d}\phi} = \frac{\partial W_h}{\partial x}\frac{\partial X}{\partial \phi} + \frac{\partial W_h}{\partial y}\frac{\partial Y}{\partial \phi} + \frac{\partial W_h}{\partial \tau}\frac{\partial \Gamma}{\partial \phi} \tag{3-16}$$

将(3-9)～(3-12)式的结果代入(3-16)式，可以解出此条件下政府愿意提供的最优绿色补贴为 $\hat{\varphi}^{sos} = 0.437\ 5$，即 $\hat{\gamma}^{sos} = 0.572\ 5$。将这个涉及间接影响的最优补贴代入两国的 EOS 环境标准以及利润和福利函数后可知：$\hat{w}_h^{sos} > \hat{w}_h^{sos}$，$\hat{D}_h^{sos} < D_h^{sos}$，$\hat{\pi}_h^{sos} > \pi_h^{sos}$ 且 $\hat{\tau}^{sos} > \tau^{sos}$，同理，$\hat{w}_f^{sos} < \hat{w}_f^{sos}$，$\hat{D}_f^{sos} > D_f^{sos}$，$\hat{\pi}_f^{sos} < \pi_f^{sos}$ 且 $\hat{\varphi}^{sos} < \varphi^{sos}$。可见，绿色补贴的供给使得本国环境标准放松而外国环境政策趋严；在这种给定的政策设置下，本国企业会进一步拓展产出水平(绿色补贴的直接效用是通过改善企业的成本结构而影响到产出变化)，而外国企业只能继续削减其出口量，而导致利润和福利水平同时下降。这说明绿色补贴通过对于 EOS 环境污染标准的改变影响到两国企业的古诺产出，进一步强化了其作为策略反应手段的效果，使得本国企业在市场中获得了更强的利润转移能力。但是，绿色补贴改善本国环境的战略初衷却没能有效地实现。

推论 1. 在考虑直接和间接策略效应的前提下，本国单方提供的绿色补贴会形成外国企业利润向本国企业的转移，并且导致本国福利水平的改善和竞争国福利水平的下降。同时，由于绿色补贴使得本国的最优环境标准放松，又引起企业古诺产出的扩张，反而可能导致本国环境在一定程度上的恶化。

令 $A = 2$(A 事实上和 γ 是相互独立的)，绿色补贴 γ 对两国的边际生产利润、环境损害成本和总福利水平的影响可由图 3-1 和图 3-2 中的数据仿真来表

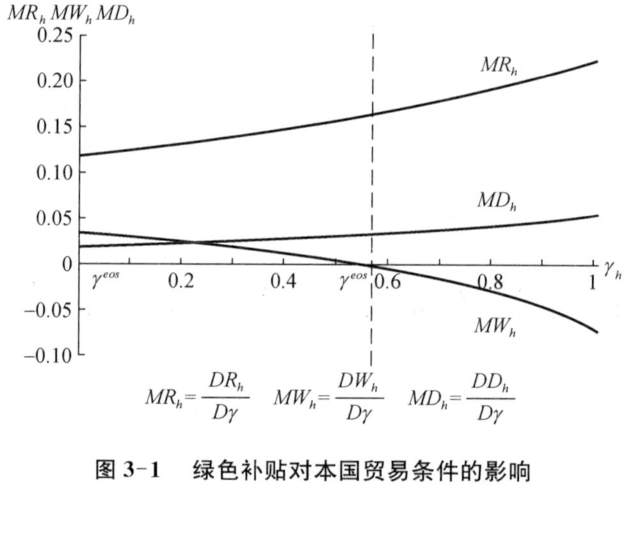

图 3-1　绿色补贴对本国贸易条件的影响

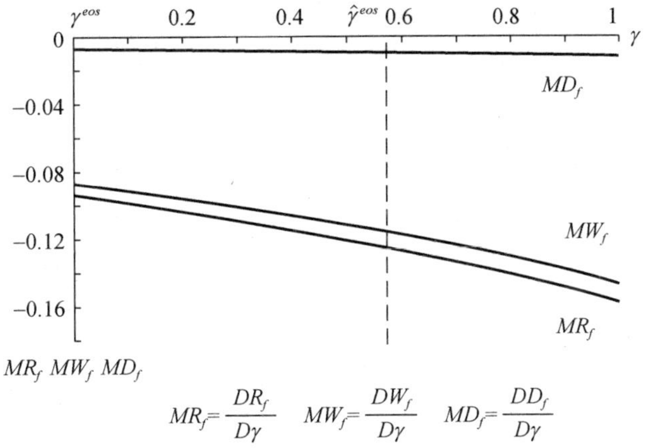

图 3-2　绿色补贴对外国贸易条件的影响

明。很明显，本国绿色补贴数量的上升导致本国利润单调上升，从$MR_h|_{\gamma=\gamma^{eos}}=0.1178$上升到$MR_h|_{\gamma=\gamma^{eos}}=0.1654$，同时，本国边际环境损害成本函数却单调下降，从$MD_h|_{\gamma=\gamma^{eos}}=0.0192$上升到了$MD_h|_{\gamma=\gamma^{eos}}=0.0332$，绿色补贴反而增加了对本国的环境损害程度。另一方面，外国的边际利润则随着绿色补贴上升而单调下降，从$MR_f|_{\gamma=\gamma^{eos}}=-0.0938$下降到$MR_f|^{\gamma=\gamma^{eos}}=-0.1249$；而外国环境质量却略有改善，从$MD_f|_{\gamma=\gamma^{eos}}=-0.072$降低到$MD_f|_{\gamma=\gamma^{eos}}=-0.096$，但是，这不能改变外国福利水平单调下降的局面。

（二）技术溢出条件下绿色补贴的策略效应

根据本章的假设，在考虑技术溢出的条件下，技术模拟者可以部分地或者全部地从市场中无成本地获取绿色技术。同时，现实中的绿色技术溢出可以考虑为被动溢出和主动溢出两种类型，如果溢出过程属于被动溢出的类型，则本国政府和企业无法控制技术溢出的程度，溢出主要是和立法及其执行效果关联。如果溢出过程是主动溢出，即通过绿色技术的溢出也可提高溢出国的福利水平，则本国政府和企业会主动给污染国提供绿色技术来实现其战略目的。

本章主要考虑市场存在被动溢出的状况，同时设定绿色补贴时只能将溢出因素作为给定条件考虑在内，这样，保持(3-3)、(3-4)、(3-7)和(3-8)式中的β系数，并代入(3-15)式，则本国福利函数的一阶条件为：

$$\frac{\mathrm{d}w_h}{\mathrm{d}\phi}=\frac{24(3+2\beta)^2(3+4\beta-4(3+\beta)\phi)}{(4\beta(3+\phi)+3(9+4\phi))^3}=0 \tag{3-17}$$

将$\phi=1-\gamma$和$\eta=1-\beta$代入(3-11)式求解后，可知最优绿色补贴为：

$$r^{sp} = \frac{9}{16 - 4\eta} \tag{3-18}$$

由于 $\eta \leqslant \gamma$ 且 $\eta \in [0, 1]$，故 $\eta \in [0, 0.6535]$。如果 $\eta > 0.6535$，则 $\eta > \gamma$，与假设相违。可见，随着溢出因子 η 的增加，本国绿色补贴的数量也随之增加。这主要是外国企业通过绿色技术的溢出降低了其绿色技术成本，扩大了外国企业的古诺产出，这在市场上导致了类似双边补贴的情形，为了保护本国企业的市场份额不被竞争者摄取，本国政府从策略意义上会为本国企业提供更多的绿色补贴。考虑到溢出可以通过影响绿色补贴而改变利润，则其对两国环境标准的影响可由下式给定：

$$\begin{cases} \dfrac{d\tau}{d\beta} = \dfrac{\partial \Gamma}{\partial \varphi}\dfrac{d\phi}{d\beta} + \dfrac{\partial \Gamma}{\partial \beta} & (3\text{-}19) \\ \dfrac{d\varphi}{d\beta} = \dfrac{\partial \Phi}{\partial \phi}\dfrac{d\phi}{d\beta} + \dfrac{\partial \Phi}{\partial \beta} & (3\text{-}20) \end{cases}$$

将(3-7)、(3-8)和(3-18)式代入(3-19)和(3-20)式后可知，$d\tau/d\beta > 0$ 且 $d\varphi/d\beta < 0$，使得 $d\tau/d\eta < 0$ 且 $d\varphi/d\eta > 0$；可见，如果绿色补贴导致的技术溢出增加，则本国污染控制的环境标准将设置得更加严格，同时，外国的环境标准则会有所放松。由于 $D_h = d\tau^2/2$ 且 $D_f = d\varphi^2/2$，则本国和外国的环境损害总成本会随着溢出效应的增长而分别下降和上升；由于这个结果和绿色补贴对环境标准的影响恰好相反，则溢出因子可以部分抵消由绿色补贴带给本国的环境损害，同时也可补偿其对外国产出水平的策略影响。同理，考虑到溢出效应对两国利润的影响，则利润函数的一阶条件为：

$$\begin{cases} \dfrac{d\pi_h}{d\beta} = \dfrac{\partial \Pi_h}{\partial x}\dfrac{\partial X}{\partial \beta} + \dfrac{\partial \Pi_h}{\partial y}\dfrac{\partial Y}{\partial \beta} + \dfrac{\partial \Pi_h}{\partial \tau}\dfrac{\partial \Gamma}{\partial \beta} + \dfrac{\partial \Pi_h}{\partial \phi}\dfrac{\partial \phi}{\partial \beta} \\ \quad = \left(\dfrac{\partial \Pi_h}{\partial x}\dfrac{\partial X}{\partial \tau} + \dfrac{\partial \Pi_h}{\partial y}\dfrac{\partial Y}{\partial \tau}\right)\dfrac{\partial \Gamma}{\partial \beta} + \left(\dfrac{\partial \Pi_h}{\partial x}\dfrac{\partial X}{\partial \varphi} + \dfrac{\partial \Pi_h}{\partial y}\dfrac{\partial Y}{\partial \varphi}\right)\dfrac{\partial \Phi}{\partial \beta} \\ \quad + \left(\dfrac{\partial \Pi_h}{\partial x}\dfrac{\partial X}{\partial \phi} + \dfrac{\partial \Pi_h}{\partial y}\dfrac{\partial Y}{\partial \phi} + \dfrac{\partial \Pi_h}{\partial \tau}\dfrac{\partial \Gamma}{\partial \phi} + \dfrac{\partial \Pi_h}{\partial \phi}\dfrac{\partial \phi}{\partial \phi}\right)\dfrac{\partial \phi}{\partial \beta} \\ \quad + \dfrac{\partial \Pi_h}{\partial x}\dfrac{\partial X}{\partial \beta} + \dfrac{\partial \Pi_h}{\partial y}\dfrac{\partial Y}{\partial \beta} + \dfrac{\partial \Pi_h}{\partial \tau}\dfrac{\partial \Gamma}{\partial \beta} + \dfrac{\partial \Pi_h}{\partial \phi}\dfrac{\partial \Phi}{\partial \beta} & (3\text{-}21) \\ \dfrac{d\pi_f}{d\beta} = \dfrac{\partial \Pi_f}{\partial x}\dfrac{\partial X}{\partial \beta} + \dfrac{\partial \Pi_f}{\partial y}\dfrac{\partial Y}{\partial \beta} + \dfrac{\partial \Pi_f}{\partial \tau}\dfrac{\partial \Gamma}{\partial \beta} + \dfrac{\partial \Pi_f}{\partial \phi}\dfrac{\partial \Phi}{\partial \beta} \\ \quad = \left(\dfrac{\partial \Pi_f}{\partial x}\dfrac{\partial X}{\partial \tau} + \dfrac{\partial \Pi_f}{\partial y}\dfrac{\partial Y}{\partial \tau}\right)\dfrac{\partial \Gamma}{\partial \beta} + \left(\dfrac{\partial \Pi_f}{\partial x}\dfrac{\partial X}{\partial \varphi} + \dfrac{\partial \Pi_f}{\partial y}\dfrac{\partial Y}{\partial \varphi}\right)\dfrac{\partial \Phi}{\partial \beta} \\ \quad + \left(\dfrac{\partial \Pi_f}{\partial x}\dfrac{\partial X}{\partial \phi} + \dfrac{\partial \Pi_f}{\partial y}\dfrac{\partial Y}{\partial \phi} + \dfrac{\partial \Pi_f}{\partial \tau}\dfrac{\partial \Gamma}{\partial \phi} + \dfrac{\partial \Pi_f}{\partial \phi}\dfrac{\partial \Phi}{\partial \phi}\right)\dfrac{\partial \phi}{\partial \beta} \\ \quad + \dfrac{\partial \Pi_f}{\partial x}\dfrac{\partial X}{\partial \beta} + \dfrac{\partial \Pi_f}{\partial y}\dfrac{\partial Y}{\partial \beta} + \dfrac{\partial \Pi_f}{\partial \tau}\dfrac{\partial \Gamma}{\partial \beta} + \dfrac{\partial \Pi_f}{\partial \phi}\dfrac{\partial \Phi}{\partial \beta} & (3\text{-}22) \end{cases}$$

将(3-9)～(3-12)和(3-18)式分别代入(3-21)和(3-22)式后可以得到$d\pi_h/d\beta>0$且$d\pi_f/d\beta<0$,则$d\pi_h/d\eta<0$且$d\pi_f/d\eta>0$;可见,由于技术溢出效应导致本国产出水平的下降,同时又提高了本国的环境标准,所以,本国生产者的利益受到了负面影响。相反,外国生产者则从溢出效应中获得了好处,这一方面是由于成本降低导致产出增长,另一方面则是因为环境标准放松而提高了企业在产出上的竞争力。

另一方面,如果将γ值、τ值、φ值和古诺解分别代入W_f,则可以得到外国福利函数对于η的一阶条件:

$$\frac{dw_f}{d\eta}=\frac{A^2(31-10\eta)\Delta_1}{4(4-\eta)^3(23-8\eta)^3} \tag{3-23}$$

这里$\Delta_1=26\,567-42\,903\eta+23\,133\eta^2-4\,165\eta^3$,由于$\eta\in(0,0.655\,3]$,故$dw_f/d\eta>0$,即外国的福利水平随着溢出因子的上升而单调增长。可见,由本国绿色补贴形成的技术外溢尽管使得外国的环境条件有所恶化,但是,由于技术溢出导致外国生产者利润的增幅更大,故其产生的策略效应使得外国总体福利水平仍然得到改善。所以,无论本国绿色补贴技术溢出属于主动还是被动溢出,外国政府都乐于接受技术溢出的局面。

推论2. 本国企业的收益会随绿色技术溢出而减少,而本国的环境污染标准会随之更加严格,这使得对本国的环境损害反而下降。相反,技术溢出使得外国环境有所恶化,但是,由于溢出对产出水平产生的策略性影响,导致外国利润和福利水平同时得到了改善。

三、绿色补贴模型的研究结论

当前,在国际贸易领域中,绿色补贴作为一种新兴的补贴方式正受到越来越多的关注。根据本书的推论,如果本国政府提供绿色补贴的目的是改善本国环境,则绿色补贴引起的单方生态倾销的结果可能无法实现其改善环境的初衷。但是,绿色补贴的产出策略效应可以补偿其在环境方面给社会福利水平造成的损失,故政府又始终存在提供绿色补贴的动机。如果不考虑溢出效应则绿色补贴可能事实上对贸易竞争国形成了一种新的贸易壁垒,为了避免贸易竞争国采取其他报复措施,本国绿色技术适度的技术溢出可能是解决问题的最佳途径，因为其不但能够提高贸易竞争国的福利水平，同时又严格了本国被放松的环境标准，形成环境水平的总体改善。在本国政府充分重视环境因素的条件下，绿色技术外溢也可实现本国福利水平的改善，而这个结论证明了发达国家绿色技术输出的合理性。但是，从理论的角度而言，如果考虑两国存在不同的市场结构类型和类似贝特兰竞争的模式，就可能产生和本书不同的结论；而且，由于本章的推论是在国际双头竞争市场格局的严格假设下推导出的结论，其推论的有效性还有待将来实证研究的验证。

第四章

环境政策、产业调整与绿色贸易

一、传统理论假说与波特假说的历史验证

绿色贸易是指避免在贸易活动中存在威胁人类生存环境及对人体健康形成损害的行为，从而实现可持续发展的贸易形式。在经济全球化和贸易自由化趋势的背景下，由于不同产品在环保需求上的差异性，绿色贸易问题受到地区性经济组织和各国政府越来越多的关注。绿色贸易与只关注市场上发生费用的传统国际贸易不同，它将市场外的环境因素也考虑在内，扩充了贸易的成本范围，增加了环境成本和与之相关的社会成本两大内容，其表现形式有环境友好产品贸易、资源集约型产品贸易和安全健康产品贸易等。其中，环境成本是指国际贸易对人类生存的自然环境造成的负面影响，如能源、生物源性产品的贸易对大气、生物多样性等的破坏；社会成本是伴随环境成本产生并由于包括税收政策、劳工标准、竞争政策以至人权等社会政策失误而造成的后果。由于这两类成本不能有效地内化到产品的价格中去，因而由绿色贸易引发的问题实际就是如何解决国际贸易中的环境外部性问题。为了确保绿色贸易的实施，政府需要进行有效的环境规制，规制作为具体的制度安排，是“政府对经济行为的管理或制约”，是公共政策的一种形式。因此，就规制的本质而言，环境规制可理解为政府为保护环境而采取的对经济活动具有影响的一系列措施。

1996 年以来，我国制定或修改了包括水污染防治、海洋环境保护、大气污染防治、环境噪声污染防治、固体废物污染环境防治、环境影响评价、放射性污染防治等环境保护法律，以及水、清洁生产、可再生能源、农业、草原和畜牧等与环境保护关系密切的法律；国务院制定或修订了《建设项目环境保护管理条例》《危险化学品安全管理条例》等 50 余项行政法规；发布了《关于落实科学发展观加强环境保护的决定》等法规性文件。国务院有关部门、地方人民代表大会和地方人民政府依照职权，制定和颁布了规章和地方环境保护法规 660 余件。此外截止至 2013 年初，中国共颁布了 1 200 余项国家环境保护标准，北京、上海、天津等市共制定了 67 项在人大备案的环境保护地方法规[①]。因此，在我国环境政策日趋完善的条件下，这些环境规制措施是否促进了行业出口贸易的发展？是否推动了出口部门的技术创新和绿色贸易的发展？这些都成为本书研究中重点关注的内容。

---

① 以上数据均来源于全国人大的《中国法律法规信息系统》。

环境政策在国际贸易中的策略影响在经济学领域中已形成成熟的研究体系。由于研究假设、研究角度和样本选择区间的差异性，不同研究分支对政策是否促进绿色贸易还存有较大的分歧。基于古典自由贸易理论的传统学派认为，环境规制将外部性成本内在化，使企业承担了比缺少规制或规制不严时更多的成本，因而企业的国际竞争力会被削弱。其理由可概括为：①生产成本提高降低了贸易竞争力；Dean 和 Brown(1995)认为，环境规制将迫使企业增加投资，企业投资购买污染控制设备，并支付操作这些设备的人工费用。同时还要耗费人力去管理这些设备，并额外缴纳污染税费等。所有这些均会增加企业的生产成本，成本的增加使企业的竞争力下降，进而导致产出的降低。②工艺流程更复杂，管理难度加大且管理费用增加会间接影响出口贸易；污染防治措施增加了生产工艺流程，使得企业必须采取更有效率的生产。生产规模扩大后企业要继续生存，就必须增加设备生产和管理的投入，企业的生产、管理、污染控制、技术改造等环节变得更加复杂从而增加了企业的管理难度。管理费用的上升最终将分摊到产品的价格上，使得产品需求下降且最终降低竞争力和产出水平。③环境治理成本不利于企业的技术创新活动。Rhoades(1985)认为，强制性的污染控制将迫使企业改变生产工艺和生产技术，在市场竞争相当激烈的情况下，这反而会妨碍企业开展技术创新活动，并导致生产率的下降。④环境治理降低了资本的比较收益和利润空间；污染控制迫使企业把有限的资金从一些更有发展潜力的项目中转移出来，导致企业整体收益的降低。Carraro 和 Siniscaleo(1992)分析了一些环境政策所要求的新技术如何影响污染密集型产业的国际竞争力。他们构建了开放经济模型，只考虑一个污染密集型行业，国内企业只生产一种商品并在国际市场上进行竞争，而资本品和技术是不能进行贸易的。他们最后得出的结论是，无论是在完全竞争还是寡头垄断的市场结构下，环境法规和标准所要求的技术变革将扭曲产业的竞争力并使其丧失利润空间。

相反，基于波特假说的学者则认为环境规制对贸易的国际竞争力会产生积极影响。Porter(1991)，Porter 和 Linde(1995)认为严格的环境保护法规将鼓励企业通过开展技术和管理的创新，提高生产效率和质量，从而获得环境和经济的双重利益。因此，波特提出"创新补偿"理论，即设计恰当的环境规制政策可以激起企业的创新动力从而引发技术的升级突破，并借由生产效率的提高来弥补遵循环境管制所造成的成本，这可能使企业获得比不受类似管制约束的企业更大的竞争优势。在遵循环境法规的过程中找出新的、更有效的生产方法或工艺流程是波特理论的核心。波特同时提出，当竞争企业同时受到相关领域的环境规制时，母国市场率先采取更为严苛的环境标准能使企业保有一定程度的先动优势。Simpson 和 Bradford(1996)证明了在一个战略贸易模型中，政府可以通过实施严格的环境规制对国内产业提供一种战略优势。环境规制作为一种承诺工具来保证产业积极投资于研发，以降低边际成本。Eliste 和 Fredriksson(1998)的模型表明，环境质量需求的增加将导致两个政策变量即污染税和生产补贴的同时增加，通过讨价还价污染者可能得到补偿，以弥补其在新管制标准下增加的支出，结果由于税收和补贴政策的变化，环境质量需求的增加可能导致出口的增加和进口的减少。Copeland(2000)认为，严格的环境规制又会给出口企业带来竞争压力，推动企业的技术创新，促进产业结构的优化和产品结构的绿化，有利于提升出口商品的国际竞争力，产生"环境规制的创新贸易效应"，进而有利于促进其出口的增长。Altman(2001)从成本的角度，分析了环境规制如何诱发成本抵消的过程，也在一定程度上为波特假说的成立提供了依据。他认为，如果厂商存在 x－低效率的现象，并且防治污染的成本只占总成本很小的比例，那么要素生产力的提高可以抵消防治污染所带来的成本上升。Altman 的分析表明，在企业存在 x－低效率的情况下，环境规制并不会降低本国企业的竞争力，相反，还有可能对企业的竞争力带来正面影响。这尤其对发展中国家(即面临环境问题需要提高环境标准，又存在 x－低效率的情况)具有指导意义。Frankel(2002)指出，如果世界商品生产都倾向于环境友好型产品，那么首先进行环境友好型技术创新的国家将会在未来的全球竞争中获得比较优势。

根据前文的分析，波特假说与传统新古典理论之所以对环境规制与竞争力的关系存在争议，原因就在于两者基本假设和内容论点的差异。波特假说的支持者假设：厂商面对高度不完全的信息及瞬息万变的环境(包括技术、产品及顾客需求等)，并具有 x－低效率的潜在改进空间，严格的环境规制将刺激厂商进行创新活动并产生成本抵消效果，有利于竞争力的提升。传统观点的支持者则假设：在信息完全的条件下，其他条件保持不变，厂商从事成本最大化的决策行为，严格的环境管制将导致厂商成本的增加，损害其竞争力。表 4-1 对两种理论的差异进行了总结。

针对环境规制对贸易影响在理论上的分歧，近年来大量的学者进行了实证检验，现有相关文献绝大部分都以 OECD 等发达国家为样本，国内学者则以发展中大国和贸易大国的中国数据作为研究基础，检验环境规制对出口贸易所形成的影响。同理论分析结果类似，实证结果也形成了三种不同的观点。

表 4-1　两种理论观点的比较

	波特假说的支持者	传统观点的支持者
假设	动态模式 技术随时在变 x-低效率 信息高度不完全 公司内部组织失灵	静态模式 技术固定 x-有效率 信息完全 顾客需求固定
模型	利润极大化	成本极小化
规制的限制	环境规制—刺激创新—成本下降—竞争力优势	环境规制—外部成本内部化—成本增加—损害竞争力
规制的角色	刺激企业创新的媒介	附加在企业身上的额外成本
推论	不应消极从事补救工作，应积极投入污染防治的投资	不应一味强调环境的重要，应该务实地分配环境的重担
代表学者	Porter，Van der Linde，Altman，Berman 和 Bui 等	Palmer，Jaffe，Simpson 和 Bradford 等

Cagatay 和 Mihci 等(2006)构造了一个环境敏感度表现指数来测度不同环境规制强度对贸易模式的影响，论文研究推论指出，环境规制强度和出口贸易值之间存在显著的负相关性，作者认为发达国家和发展中国家环境规制标准的不同是形成贸易模式迁移及国际分工合作的重要依据。Mulatu 和 Gerlagh(2010)在污染避难所假设条件下应用引力方程发现环境规制与双边贸易中存在显著的负向关系，且在考察纯成本效应(pure cost effect)的条件下，越加严格的环境规制措施会导致出口下降愈加严重。同时，和欧盟 15 国相比，环境规制对中欧国家及东欧国家的出口抑制作用更大，但在清洁部门(clean sector)和污染部门之间的差异不显著。傅京燕(2010)运用 1996－2004 年中国 24 个制造业的面板数据就环境规制对贸易比较优势的影响进行了分析，发现环境规制、物质资本和人力资本指标均对比较优势产生负面影响，且环境规制的二次项与比较优势正相关，这表明环境规制对比较优势的影响呈“U”型。

Arouri 和 Caporale(2010)等用引力方程估计了罗马尼亚环境规制标准对其与欧盟主要国家间出口竞争力的影响，其研究结论既未证明传统假说，也未验证 PORTER 假说，其环境控制力度与其主要贸易伙伴之间的相关性并不显著。赵细康(2003)对中国 17 个制造业 1991—1999 年的样本数据进行了分析，发现环境保护的高低并没有与中国产业国际竞争力的大小呈有规律性的变化。

Costantini 和 Crespi 等(2008)的研究估计了不同国家能源产业环境技

术改变对出口模式演化的影响。研究表明在订立京都意向书的条件下，环境规制带来了显著的产业比较优势，尤其在能源领域通过技术创新系统的加强成为出口的核心推动力，其研究结论完全支持 Porter 和 Linde 的假说。李小平、卢现祥、陶小琴(2010)就环境规制强度等因素对中国 30 个工业行业 1998 年至 2008 年贸易比较优势的影响进行了经验分析，研究发现中国工业行业的贸易比较优势集中于劳动密集型产业，环境规制强度提升工业行业的比较优势。陆旸(2009)运用 HOV 模型对 95 个国家总样本与 42 个国家子样本进行分析，考虑到环境规制的内生性问题，他在实证中加入"人均收入"作为内生环境规制的估计，同时以国际地球科学信息中心网(CIESIN)提供的全球 146 个国家、地区环境的可持续指标作为外生环境规制变量进行回归方程的估计。检验结果并没有发现环境规制降低了污染密集型商品的比较优势，相反，结果显示严格的环境规制增加了钢铁、化工和纸制品的贸易竞争力。

与上述的研究不同，本章立足于中国这个发展中大国的数据，通过行业数据验证环境规制对绿色贸易的促进作用，考察在 R & D 分类、要素密集分类和污染程度分类的条件下环境政策的战略效果，同时，侧重检验了前期理论研究中波特假说和传统理论假说的合理性。在研究方法上，通过建立动态面板数据模型及系统 GMM 估计方法来研究环境规制与绿色贸易的作用机制。实证结果表明，尽管环境规制对出口贸易总体呈现显著为负的影响，结论与古典理论假说相吻合，但在对样本分别按照污染程度、R & D 投入水平及资本密集度分组后的回归结果对比中，可以发现环境规制对重污染行业、低技术行业、劳动密集型行业的负向影响弱于对轻污染行业、高技术行业、资本密集型行业的影响。这说明环境规制能够通过促进污染密集型企业、低技术企业和劳动密集型企业进行技术创新来改良企业的生产能力，提高产品的环境技术含量并使产品达到国际检验标准，这不仅改善了企业的出口能力，而且体现了环境规制对绿色贸易的推动作用，符合波特假说对环境规制效果的预期。可见，在产业存在异质性的条件下，环境规制具有不同的战略效果，即波特假说和传统理论假说由于环境政策边际效果的不同在一个国家不同产业中均存在合理性的条件，这是本章研究中不同于上述前期中外研究的一个主要贡献。

本章的结构安排如下，本章第二节为模型设定和数据来源，第三节为实证分析结果及经济逻辑解释，第四节为研究结论及展望。

二、模型设定及数据来源

本章研究目的在于考察中国的环境规制对出口贸易的影响，所以需要对中国的环境规制进行测度。在前期的研究中环境规制的测度方法主要有：

（1）赋值法：按不同国家对其环境规制的严格程度将环境规制变量 SER（Stringency of Environmental Regulation）从 1 到 7 赋值，环境规制越严格的国家其 SER 的赋值越大。Beers 和 Bergh（2000）采用的就是 SER 赋值法。

（2）指数法：部分学者通过计算或引用他人计算的各种环境指数作为 SER 变量。Beers 和 Bergh（1997）基于 7 项环境指数计算出介于 0～1 之间的 SER 指数：Xu（2000）则利用世界银行所开发的环境规制指数（Environmental Stringency Index）作为 SER 变量；Cagatay 和 Mihei（2003）则给出了环境敏感绩效指数（Index of Environmental Sensitivity Performance，IESP），用以对环境规制进行衡量①。

（3）污染排放或气体排放指标：Shafik 和 Bandyopadhyay（1992）曾用人均污染排放水平，Chimeli（1999）等曾用 SO_2 的排放水平衡量环境规制。国内学者赵细康（2003）曾尝试根据不同的指标建立一套环境保护强度综合指数。

（4）限量法：直接采用环境规制措施中对某种物质的限量。例如 Otsuki（2001）、田东文和叶科艺（2007）分别采用欧盟成员国、工业化国家对农产品中黄曲霉素含量的限量作为衡量环境规制的变量。

（5）排序法：将 M 个国家（或行业）环境规制相关的 N 个基本变量排序，然后将序号求和后再排序，用最终的序号除以 M，得出 0～1 之间的数来衡量环境规制。例如 Cole 和 Elliott（2003）使用该方法衡量环境规制，研究环境规制对贸易模式的影响。

（6）虚拟变量法：通过使用虚拟变量以反映环境规制措施的实施（实施前后虚拟变量分别取值 0 和 1）。例如顾国达等（2007）使用了 3 个虚拟变量来反映日本对茶叶农药残留限量的三次调整。

同前面所述的对不同国家地区环境规制进行测度不同，由于中国目前并没有建立完善的对环境状况进行综合评定的指标，所以需要设计变量来

① 该指数分为 4 个不同的亚指标，分别为 SI-1 气候变化、SI-2 酸化、SI-3 水资源利用和 SI-4 废物管理。

近似地衡量中国不同地区的环境规制的严格程度。环境评价的指标包括两种，即直接评价指标和间接评价指标。直接评价的指标即反映环境保护的国际合作、地区或产业的政策现状、环境保护的努力程度、企业承受的环境成本等的指标①。间接评价指标是一些反映环境保护过程、结果以及相关的政治、经济状况等的指标②。基于我国各类污染物排放的严重程度及数据的可得性，本书选择了废水排放达标率、二氧化硫去除率、工业烟尘去除率、工业粉尘去除率和工业固体废物综合利用率 5 个单项指标来衡量环境规制（表 4-2）。在综合考虑上述各个指标的基础上，本书建立了 ERS 综合指数作为环境保护强度综合评价体系。

表 4-2　环境规制强度的综合衡量指标

	评价指标层	单项指标层
目标层（环境规制指标）	废水	废水排放达标率
	废气	二氧化硫去除率
		工业烟尘去除率
		工业粉尘去除率
	废渣	工业固体废物综合利用率

环境规制强度综合指标的具体构造步骤如下：

（1）单项指标的计算

$$UE_{ij}^{S} = \frac{R_{ij}}{D_{ij}}$$

其中 UE_{ij}^{S} 表示表 4-2 中的单项指标（行业 i 污染物 j 的去除率），R_{ij} 表示单项指标中污染物排放达标量或去除量，D_{ij} 表示单项指标中污染物排放量。i 代表不同的产业，j 代表不同的污染物。

（2）调整系数的计算

由于不同行业间“三废”的污染排放比重相差较大，对于同一行业而言，不同污染物的排放程度也存在差别。调整系数的作用类似于权重，通过对各指标值权重进行调整，给每个行业的水、大气和固体废物等指标赋予不同的权重，从而反映了各行业主要污染物的治理力度的变化。计算方法如下：

① 直接指标包括签订的国际环境保护公约数，制定和颁布的国内环境政策及环境标准的数量，企业或政府环境保护投资额的变化，企业和消费者承受的相关费用变化等。

② 间接指标包括污染物排放量的变化，污染物处理的力度（处理率、达标率）的变化，大气污染物浓度的变化等。

$$W_j = \frac{\frac{E_{ij}}{\sum E_{ij}}}{\frac{O_i}{\sum O_i}} = \frac{\frac{E_{ij}}{O_i}}{\frac{\sum E_{ij}}{\sum O_i}} = UE_{ij} / \overline{UE_j}$$

其中，W_j 为某行业 $i(i = 1, 2, \cdots, m)$ 污染物 $j(j = 1,2,\cdots,n)$ 的排放 E_{ij} 占全国同类污染排放总量（$\sum E_{ij}$）的比重（$E_{ij} / \sum E_{ij}$）与某行业 i 的总产值（O_i）占全部工业总产值（$\sum O_i$）的比重（$O_i / \sum O_i$）之比，这可以转换为：行业 i 某污染物 j 的单位产值排放（UE_{ij}）与某污染物 j 单位产值排放全国平均水平（$\overline{UE_j}$）之比。

（3）环境规制综合指标

通过各单项指标的标准化值和平均权重，计算出各评价指标的环境规制与总的环境规制。具体的计算公式如下：

$$S_i = \frac{1}{n} \sum_{j=1}^{q} W_j \times UE_{ij}^s$$

$$ERS = \sum_{i=1}^{p} S_i$$

为了验证方法的稳健性，参考 Matthew A. Cole 和 Robert J. R. Elliott (2003)的方法，计算 *ERS*1。具体的方法是：将按照上述方法已加权的 5 项去除率指标分别按大小排序，将排序所得到的 5 组序号加总，对所得序号之和进行再排序，最后所得的序号除以行业总数，即得所求 ERS1。

基于上述环境规制变量的确立，本书选取工业行业出口贸易总额（*EX*）作为被解释变量，环境规制强度（*ERS*，*ERS*1）作为解释变量。由于对出口贸易的影响因素很多，实证模型的建立中还加入了一些控制变量。

首先，R & D 成本反映企业对技术的改进程度，从而会影响企业的竞争能力，因此可能对企业的出口贸易产生影响。其次，根据产业组织理论，行业结构、行业规模对出口贸易会有影响。此外，外商直接投资也会对出口贸易存在可能的影响。这样，本书将研发投入、利润水平、外商投资、资本深化、行业规模作为控制变量。

研发投入（*RD*）：研发费用包括了开发新产品经费、工业技术改造经费、工业技术引进经费、消化吸收经费、购买国内技术经费。数据单位为万元。在我国的国情下，作为制造业大国，我国的竞争力还停留在制造行业中的加工环节，考虑到研发的投人对比较优势的积极作用还比较薄弱，R & D 指标对比较优势的影响值得考量。

利润水平（*CP*）：采用工业成本费用利润率（%）来衡量行业的利润率水

平。该百分比用于反映企业投入的生产成本及费用的经济效益，同时也反映企业降低成本所取得的经济效益。

外商投资（*FDI*）：选用外商投资资本来衡量该变量。

资本深化（*KL*）：本书选取资产总计与从业人员比值（万元/人）来衡量该变量。一个行业的人均物质资本存量相对大被作为资本密集型，反之，则被作为劳动密集型。行业的人均物质资本存量大表示该行业拥有更多、更先进的机器设备，也意味着拥有更先进的技术水平[①]。

行业规模（*SI*）：选取行业工业总产值来衡量该变量。行业规模在一定程度上反映了工业企业所具有的开拓市场、占领市场并以此获取利润的能力，进而影响到企业的出口贸易额。实证变量选取的目的如表 4-3 所示。

表 4-3　计量模型变量汇总表

变量	符号	说明	衡量
出口贸易	*EX*	被解释变量	工业行业出口贸易额
环境规制	*ERS*	解释变量	综合指标
			综合指标
研发投入	*RD*	研发投入	R & D 经费支出
利润水平	*CP*	反映企业投入的生产成本及费用的经济效益，同时也反映企业降低成本所取得的经济效益	工业成本费用利润率
外商投资	*FDI*	外商直接投资（FDI）与国际贸易之间存在替代效应	外商投资资本
资本深化	*KL*	资本密集程度体现行业的进出入壁垒	资产总计/行业从业人员数
行业规模	*SI*	在一定程度上反映了工业企业所具有的开拓市场、占领市场并以此获取利润的能力	行业工业总产值

基于上述变量选择结果，同时考虑到出口贸易的连续性和动态调整过程，加入了出口贸易的一期滞后作为控制变量后，动态面板模型如下：

$$\log EX_{it} = \beta_0 + \beta_1 \log EX_{it-1} + \beta_2 \log ERS_{it} + \beta_3 \log RD_{it} + \beta_4 CP_{it} + \beta_5 \log FDI_{it} + \beta_6 \log KL_{it} + \beta_7 \log SI_{it} + \varepsilon_{it}$$

① 罗伯津斯基定理（Rybczynski Theorem）指出，资本深化程度应该与低技术劳动密集型制造业产品市场竞争力水平成负相关关系，而与高技术的资本和技术密集型制造业产品市场竞争力水平呈正相关关系。

考虑到外商投资和行业规模之间的关系，在上述模型中加入交互项，并加入时间截距，得到计量模型如下：

$$\log EX_{it} = \beta_0 + \beta_1 \log EX_{it-1} + \beta_2 \log ERS_{it} + \beta_3 \log RD_{it} + \beta_4 CP_{it} + \beta_5 \log FDI_{it} + \beta_6 \log KL_{it} + \beta_7 \log SI_{it} + \beta_8 \log FDI \times SI_{it} + \sum_{j=2}^{9} \beta_{j+7} YEAR_{jt} + \varepsilon_{it}$$

上述回归模型中的下标 i 和 t 分别表示第 i 个行业的第 t 年；ε 是随机扰动项，β 是待估参数。本书选择国内按行业分组的中大型企业作为研究对象，共包括：燃气生产和供应业、水的生产和供应业、家具制造业、皮革毛皮羽毛（绒）及其制品业、电力、热力的生产和供应业、文教体育用品制造业、黑色金属矿采选业、纺织服装、鞋、帽制造业、纺织业、非金属矿物制品业、木材加工及木竹藤棕草制品业、印刷业和记录媒介、食品加工业、塑料制品业、食品制造业、工艺品及其他制造业、石油加工及核燃料加工业、金属制品业、造纸及纸制品业、有色金属矿采选业、橡胶制品业、非金属矿采选业、化学纤维制造业、饮料制造业、有色金属冶炼及压延加工业、仪器仪表及文化办公用机械制造业、化学原料及化学制品制造业、专用设备制造业、通用设备制造业、电气机械及器材制造业、医药制造业、煤炭开采和洗选业工业、通信计算机及其他电子设备制造业、黑色金属冶炼及压延加工业等 37 个行业，时间跨度为 2001 年至 2010 年。其中，出口贸易额、利润水平、外商投资、行业规模等变量数据来自于《中国工业经济统计年鉴》中的大中型企业的出口交货值、成本费用利用率、外商资本、工业总产值；大中型企业行业从业人数、资产总计来自于《中国工业经济统计年鉴》；研发投入来自于《中国科技统计年鉴》中的大中型企业的 R & D 活动经费支出；废水排放量、二氧化硫排放量、烟尘排放量、粉尘排放量、固体废物排放量、废水排放达标量、二氧化硫去除量、烟尘去除量、粉尘去除量、固体废物综合利用量来自于《中国统计年鉴》以及中经网统计数据库。

三、产业环境规制效应的实证分析及结果解释

在本书计量模型中，由于 R & D、资本深化、利润水平三个变量之间可能存在内生性，因而选择了动态面板 GMM 估计方法。SYSGMM 在

DIFFGMM的基础上引入了水平方程，并增加了滞后的差分变量作为水平方程相应变量的工具变量，所得的SYSGMM估计量提高了估计结果的有效性和一致性（Blundell 和 Bond，1998）。对于 SYSGMM 的估计，需要进行Sargan或Hansen过度识别检验，主要用于判断是否存在过度识别约束。

作者对2001年至2010年中国的工业行业面板数据构成的模型进行了SYS-GMM估计。为了验证比较环境规制对不同污染强度、不同技术含量、不同要素密集度行业的出口贸易的影响，将样本按照污染程度、R & D投入水平、资本密集度分组分别进行回归处理。具体的方法如下：

（1）按照 CH 值的大小将制造业分成清洁产业和污染产业。CH 值的具体计算方法如下：

$$CH = \frac{1}{10}\sum_{t=1}^{10}(\sum_{j=1}^{5}D_{ijt}/GP_i)$$

其中，D_{ijt} 表示单项指标中污染物排放量。i 代表27个产业，j 代表5种污染物（二氧化硫排放量、粉尘排放量、烟尘排放量、废水排放量和固体污染物排放量），t 代表2001—2010年，GP_i 代表第 i 个行业工业总产值。

（2）按照R & D投入与行业规模的比值大小将行业分为低技术行业和高技术行业。

（3）根据行业结构（行业固定资产净值/行业从业人数）将行业分为资本密集型行业和劳动密集型行业。

全样本的回归结果如表4-4所示，采用 *ERS* 指标来衡量环境规制，回归结果均表明环境规制对出口贸易存在显著的负向影响，表明环境规制对行业出口贸易起到抑制的作用。该研究结果背后的经济学直觉为，由于我国现阶段仍然为制造业大国，从出口贸易的总体而言，还处在“微笑曲线”的低端，可以通过成本优势获得更大的市场份额，而环境规制的增加则提升了企业的生产成本，降低了企业的利润空间。这一研究结论与传统学派中的 Dean 和Brown（1995）、Carraro 和 Sinisealeo（1992）及 Han 和 Braden（1996）的结论近似，考虑到中国是制造业大国，初级产品出口中可能产生污染问题，因而环境规制从本质上限制了出口贸易中的环境损害，客观上促进了绿色贸易。同时，表4-4中 *ERS*1 的估计结果与 *ERS* 类似，即用 Matthew A. Cole 和 Robert J. R. Elliott 的环境规制计算方法验证了结论的稳健性。

对于其他控制性变量，研发成本同出口贸易在1%的显著性水平上正相关，这说明企业的技术创新对出口有着重要的正面影响。企业研发投入的增加，积极进行技术创新提升了企业的生产力和国际竞争力，从而对其出口贸易产生有利的影响。资本深化对出口贸易的影响显著为负，这是因为我国是劳动密集型国家，在劳动密集型行业具有比较优势，而对物质资本或者说固定资产的投人相对较少，物资资本对劳动密集型行业的边际贡献也相对较低；同时，这个结果也表明我国资本投入的直接效率相对偏低。在外商直接投资方面，外商投资对出口呈现了显著的正向影响，外商资本较高的行业往往拥有较好的技术条件，在生产过程中有较高的环境标准，使得其产品较易符合国际标准，并且可能拥有潜在的更便利的出口渠道，这些都有利于出口贸易。行业规模对出口贸易的影响显著为负，行业规模越大，企业之间的竞争越激烈，利润相对偏低，从而对出口贸易的有消极影响。由此可见，我国贸易竞争优势较强的产业，往往是那些技术含量低、产能大、外资进入程度高的产业，从我国所处的全球产业链布局看来，环境规制若要发挥对产业竞争力的积极作用，关键在于促进高技术、高附加值产业的发展，向“微笑曲线”两端转移，使自主创新能力与产业国际竞争力正向关联。

表 4-4　全样本条件下环境规制对出口贸易影响的实证结果表

解释变量	(1)	(2)	(3)	(4)
$L.\log EX$	0.831*** (10.87)	0.856*** (10.48)	0.845*** (11.46)	0.864*** (10.59)
$\log ERS$	−0.061*** (−3.13)	−0.037* (−1.78)		
$ERS1$			−0.349*** (−3.43)	−0.355*** (−3.11)
$\log RD$	0.081*** (2.84)	0.131*** (3.27)	0.086*** (3.03)	0.153*** (3.35)
CP	−0.176*** (−3.26)	−0.180*** (−4.06)	−0.164*** (−2.82)	−0.177*** (−4.08)
$\log KL$	−0.174*** (−2.60)	−0.104 (−1.19)	−0.182** (−2.57)	−0.082 (−0.93)
$\log FDI$	0.090** (2.11)	−0.010 (−0.21)	0.064* (1.77)	0.001 (0.01)
$\log SI$	−0.006 (−0.25)	−0.198*** (−2.84)	−0.006 (−0.26)	−0.160** (−2.38)
$\log FDI \times SI$		0.016** (2.28)		0.008 (1.13)
$\_CONS$	0.801*** (3.74)	1.234*** (2.83)	0.891*** (3.64)	0.920** (2.04)
时间截距 t	No	Yes	No	Yes

（续表）

解释变量	(1)	(2)	(3)	(4)
sargan	294.208	291.667	289.234	295.445
SAR_df	198.000	198.000	199.000	199.000
N_g	37.000	37.000	37.000	37.000
样本量	306	306	306	306

注1：*** $p \leqslant 0.01$　** $p \leqslant 0.05$　* $p \leqslant 0.1$

注2：第(2)列的时间截距项系数显著的年份有2002、2003、2005、2008、2009年，对应的系数和显著性分别为：-0.304^{***}、0.255^{***}、-0.534^{**}、-0.216^{***}、-0.458^{***}；第(4)列的时间截距项系数显著的年份有2002、2003、2005、2008、2009年，对应的系数和显著性分别为：-0.320^{***}、0.301^{***}、-0.537^{**}、-0.169^{**}、-0.456^{***}。

在获取全样本数据研究结果后，我们考虑环境规制政策对贸易结构的影响，首先考虑按照前文准则区分成重污染组和轻污染组两个组别，回归估计的结果如表4-5。分组之后的回归结果同使用全样本的回归结果相比发生了变化，轻污染组 *ERS* 对出口贸易有显著为负的影响，而在重污染组 *ERS* 对出口贸易的影响则并不显著，甚至呈现正向的变化。对比两组的结果可以看出，环境规制约束了清洁行业的出口贸易，而对重污染行业的影响较小，甚至有正向的变化趋势。这个结果并不表明环境规制有违绿色贸易的宗旨，相反，在相对污染较低的行业中，环境规制会产生资本效果的替代作用，引起利润的下降，这和传统理论中第四种观点非常近似。而重污染行业中由于其多数属于资源密集型和劳动密集型产业，生产成本相对低廉受到环境规制成本影响的程度有限；但由于环境治理力度的加强，促使重污染行业进行技术上的改良创新，也使其产品更符合国际标准从而有利于出口贸易。该研究结论和上述研究中Simpson和Bradford(1996)的理论模型推论相吻合。

同全样本数据回归结果一致的是：研发投入对清洁型行业和污染型行业均呈现正向影响，且对污染型行业的影响更为显著，重污染组的R&D影响系数也明显大于轻污染组的R&D影响系数，这说明污染型企业的技术创新能更明显地改善企业的生产经营能力，促进其出口贸易。

在此基础上，按照技术水平对分组后的样本分别进行回归，得到结果如表4-6所示。同全样本数据的回归结果相比，按技术分组后，环境规制对贸易的影响发生了显著的变化。环境规制对高技术组的出口贸易具有显著为负的影响，而对低技术组的出口贸易的影响呈现负向特征，但不显著。该研究表明由于规制成本的存在，在控制了R&D等重要的类比资金流向后，体现出和一类分组非常近似的特点，即环境成本提升了低技术企业类型的污染控制力，虽然成本上升导致市场竞争份额减少，但是环境质量标准的改进从另一个方面补

表 4-5　轻污染行业和重污染行业的回归结果表

解释变量	轻污染组				重污染组			
	(1)	(2)	(3)	(4)	(5)	(6)	(7)	(8)
L.log *EX*	0.798*** (13.95)	0.836*** (13.22)	0.819*** (17.70)	0.837*** (13.15)	0.874*** (10.51)	0.846*** (11.65)	0.865*** (10.08)	0.847*** (11.15)
log *ERS*	−0.060*** (−3.15)	−0.021 (−1.55)			−0.031 (−1.05)	0.015 (0.39)		
*ERS*1			−0.274** (−2.02)	−0.242** (−2.03)			0.215 (0.60)	−0.012 (−0.03)
RD	0.023 (0.93)	0.045 (1.31)	0.042** (1.97)	0.061 (1.58)	0.088*** (4.28)	0.183*** (3.21)	0.084*** (4.61)	0.177*** (2.95)
log *CP*	−0.086 (−1.50)	−0.098** (−2.17)	−0.092* (−1.81)	−0.115*** (−2.67)	−0.286*** (−3.27)	−0.300*** (−4.53)	−0.294*** (−3.29)	−0.300*** (−4.02)
log *FDI*	0.151 (1.50)	−0.043 (−0.32)	0.086 (1.46)	−0.046 (−0.40)	0.080** (1.98)	−0.050 (−1.13)	0.093** (2.06)	−0.057 (−1.13)
log *KL*	−0.114** (−2.35)	−0.071 (−1.23)	−0.124*** (−3.47)	−0.089 (−1.43)	−0.283*** (−3.55)	−0.232** (−2.36)	−0.321*** (−3.39)	−0.235** (−2.47)
log *SI*	0.014 (0.74)	−0.129* (−1.89)	0.019 (1.28)	−0.061 (−0.78)	−0.020 (−0.57)	−0.256** (−2.20)	−0.024 (−0.73)	−0.250** (−2.39)
log *FDI*×*SI*		0.021*** (2.66)		0.013 (1.62)		0.023*** (3.18)		0.024*** (3.28)
_*CONS*	0.849*** (4.69)	1.530*** (3.37)	0.924*** (5.25)	1.307*** (3.01)	1.221*** (2.74)	1.698*** (2.74)	1.169*** (2.95)	1.790*** (3.11)
时间截距 *t*	No	Yes	No	Yes	No	Yes	No	Yes
sargan	225.144	253.194	209.137	243.257	108.357	106.366	106.751	106.915
SAR_df	159.000	153.000	163.000	157.000	111.000	103.000	111.000	103.000
N_g	23.000	23.000	23.000	23.000	14.000	14.000	14.000	14.000
样本量	186	186	192	192	120	120	120	120

注 1：*** $p \leq 0.01$　** $p \leq 0.05$　* $p \leq 0.1$

注 2：第(2)列的时间截距项系数显著的年份有 2002、2003、2008、2009；第(4)列的时间截距项系数显著的年份有 2002、2003、2009；第(6)列的时间截距项系数显著的年份有 2002、2005、2008、2009；第(8)列的时间截距项系数显著的年份有 2002、2005、2008、2009。

表 4-6　低技术行业和高技术行业的回归结果

解释变量	低技术组				高技术组			
	(1)	(2)	(3)	(4)	(5)	(6)	(7)	(8)
L.log *EX*	0.750*** (6.05)	0.760*** (7.14)	0.762*** (6.56)	0.770*** (7.41)	0.914*** (34.77)	0.920*** (27.87)	0.927*** (40.68)	0.931*** (31.06)
log *ERS*	−0.040 (−1.24)	−0.014 (−1.47)			−0.045*** (−4.17)	−0.022* (−1.87)		
log *ERS*1		0 0	0.023 (0.17)	−0.113 (−0.71)			−0.203** (−2.48)	−0.177* (−1.88)
log *RD*	0.022 (0.48)	0.132** (2.43)	0.009 (0.20)	0.140*** (2.88)	0.077** (2.33)	0.150*** (4.25)	0.075** (2.27)	0.135*** (3.84)
log *CP*	−0.204* (−1.93)	−0.228*** (−3.15)	−0.204* (−1.90)	−0.235*** (−3.17)	−0.141*** (−4.83)	−0.127*** (−3.96)	−0.128*** (−3.83)	−0.133*** (−3.67)
log *FDI*	0.222*** (3.20)	−0.008 (−0.12)	0.221*** (3.16)	0.005 (0.08)	0.022 (0.79)	−0.077 (−0.99)	0.017 (0.76)	−0.074 (−0.91)
log *KL*	−0.367** (−2.51)	−0.245 (−1.52)	−0.405** (−2.41)	−0.257 (−1.47)	0.005 (0.10)	0.094* (1.76)	−0.055 (−1.00)	0.086 (1.64)
log *SI*	−0.003 (−0.06)	−0.438*** (−2.84)	−0.014 (−0.28)	−0.439*** (−2.76)	−0.022 (−1.11)	−0.166*** (−3.09)	−0.018 (−0.96)	−0.122** (−2.55)
log *FDI*×*SI*		0.047** (2.45)		0.043** (2.18)		0.014 (1.46)		0.010 (1.11)
_*CONS*	1.904*** (4.22)	2.915*** (3.34)	2.120*** (4.29)	2.939*** (3.22)	0.062 (0.24)	−0.133 (−0.36)	0.249 (1.13)	−0.147 (−0.42
时间截距 *t*	No	Yes	No	Yes	No	Yes	No	Yes
sargan	154.122	147.524	154.774	150.828	145.524	151.533	151.187	161.183
STA_df	132.000	125.000	134.000	127.000	138.000	132.000	141.000	135.000
N_g	18.000	18.000	18.000	18.000	19.000	19.000	19.000	19.000
样本量	146	146	149	149	160	160	163	163

注 1：*** $p \leqslant 0.01$　** $p \leqslant 0.05$　* $p \leqslant 0.1$

注 2：第(2)列的时间截距项系数显著的年份有 2002、2003、2005、2008；第(4)列的时间截距项系数显著的年份有 2002、2003、2005、2008；第(6)列的时间截距项系数显著的年份有 2002、2003、2005、2008、2009；第(8)列的时间截距项系数显著的年份有 2002、2003、2004、2005、2009。

偿了企业的出口竞争力，虽然不能完全抵消前者的影响，但是却让其负面的影响幅度缩减。相反，在高技术行业，由于产品技术达标标准已经很高，所以前者对后者的补偿作用减小，反而出现较大的市场份额萎缩。这个结论和Copeland(2000)的理论模型中技术对产业结构优化和产品结构绿化的贡献非常近似，由于环境规制力度的加强促使低技术部门的环境标准提高，客观上鼓励了绿色贸易的发展。

而且，同全样本数据的回归结果一致的是，研发投入对高技术组和低技术组的出口贸易都具有显著为正的促进作用。对比这两组的回归结果可以看到，环境规制对低技术行业的负面影响弱于对高技术组的负面影响，这反应出环境规制能够促进低技术企业进行技术创新，改良生产技术，降低生产成本，从而削弱了环境规制通过给企业增加外部成本所造成的负面影响。对于高技术行业而言，由于对技术含量的高要求和高准则，改进技术需要花费更大的研发成本且研发结果呈现更大的不确定性；而对于低技术行业，改进技术相对较易，较为容易通过技术创新改进生产水平，提升企业的国际竞争力。

按照要素密集度标准分组的样本分别进行回归后，得到回归结果如表4-7。同全样本数据的回归结果相比，对样本进行分组后，环境规制对出口贸易的影响发生了变化，环境规制对资本密集组的影响依然显著为负，而其对劳动密集组，虽然仍呈现负向的影响，但回归系数明显小于资本密集组的结果。对比两组回归结果，尽管环境规制对劳动密集型行业和资本密集型行业的影响均为负，但在影响程度上来说，环境规制对劳动密集型企业的抑制程度明显小于对资本密集型企业的影响。其背后的经济学直觉应为，资本密集型企业在生产规模上拥有更大的优势，企业倾向于大规模和标准化的生产机制，因而容易形成较大范围的污染。而环境规制的实施提高了资本密集型企业的生产成本和污染惩罚成本，进一步削减了该类企业的贸易出口潜力。相反，作为一个劳动力丰富的发展中大国，中国劳动力要素价格相对便宜，采用一定的劳动密集型生产方式符合劳动力禀赋的比较优势，能更有效的提升产业的国际竞争力。由于劳动密集型产业的技术密集度低且也易形成污染产品，但是，由于环境规制力度的增强从另一个方面提升了该类行业的科技创新能力，形成新的科技开发系统，这在一定程度上抵消了成本上升对行业类型发展的抑制作用。另一方面，由于劳动力密集型产业出口是我国的比较优势产业，不易被国际市场产品所替代，因而环境规制的成本效应在现实中并不显著。就上述研究推论而言，我国资本密集型环境制度约束的效果验证了传统假说的结果，而劳动力密集型的环境规制效果却反而验证了波特理论的合理性。

表 4-7　劳动密集型行业和资本密集型行业的回归结果

解释变量	劳动密集型				资本密集型			
	(1)	(2)	(3)	(4)	(5)	(6)	(7)	(8)
$L.\log EX$	0.869^{***} (19.17)	0.919^{***} (13.77)	0.868^{***} (19.82)	0.917^{***} (14.18)	0.824^{***} (7.88)	0.837^{***} (8.15)	0.833^{***} (8.32)	0.851^{***} (8.18)
$\log ERS$	-0.038^{***} (−2.62)	−0.009 (−1.18)			-0.064^{**} (−2.57)	-0.045^{**} (−2.44)		
$\log ERS1$			-0.140^{*} (−1.79)	-0.084^{*} (−1.85)			-0.430^{***} (−3.19)	-0.481^{***} (−3.69)
$\log RD$	0.082^{**} (2.12)	0.097^{*} (1.67)	0.101^{**} (2.54)	0.108^{*} (1.84)	0.081^{*} (1.89)	0.118^{*} (1.91)	0.089^{**} (2.10)	0.158^{**} (2.52)
$\log CP$	−0.042 (−0.75)	−0.032 (−0.52)	−0.038 (−0.67)	−0.032 (−0.52)	-0.185^{***} (−2.88)	-0.168^{***} (−4.57)	-0.190^{***} (−3.12)	-0.200^{***} (−5.14)
$\log FDI$	0.082^{**} (2.45)	0.008 (0.22)	0.088^{***} (2.73)	0.015 (0.41)	0.109^{*} (1.88)	−0.042 (−0.67)	0.065 (1.47)	−0.002 (−0.03)
$\log KL$	-0.235^{**} (−2.42)	−0.191 (−1.38)	-0.293^{***} (−2.86)	−0.186 (−1.36)	−0.187 (−1.49)	−0.052 (−0.33)	−0.185 (−1.62)	−0.012 (−0.08)
$\log SI$	0.020^{**} (2.22)	-0.083^{*} (−1.77)	0.018^{*} (1.93)	-0.090^{*} (−1.96)	−0.040 (−0.80)	-0.251^{**} (−2.30)	−0.028 (−0.58)	−0.176 (−1.45)
$\log FDI \times SI$		0.009 (1.47)		0.008 (1.33)		0.029^{**} (2.19)		0.009 (0.68)
$L.\log EX$	0.302 (1.55)	0.519 (1.62)	0.262 (1.29)	0.468 (1.46)	1.086^{***} (2.61)	1.300^{*} (1.94)	1.180^{***} (3.39)	0.800 (1.33)
时间截距 t	No	Yes	No	Yes	No	Yes	No	Yes
sargan	145.914	132.111	146.910	134.343	138.524	137.297	137.117	140.110
SAR_df	148.000	142.000	149.000	143.000	120.000	114.000	123.000	117.000
N_g	20.000	20.000	20.000	20.000	17.000	17.000	17.000	17.000
N	174	174	177	177	132	132	135	135

注 1：*** $p \leqslant 0.01$　** $p \leqslant 0.05$　* $p \leqslant 0.1$

注 2：第(2)列的时间截距项系数显著的年份有 2002、2003、2005、2007、2008、2009；第(4)列的时间截距项系数显著的年份有 2002、2003、2005、2007、2008、2009；第(6)列的时间截距项系数显著的年份有 2003、2006、2008、2009；第(8)列的时间截距项系数显著的年份有 2002、2003、2009。

四、产业环境规制实证研究的结论与展望

本章运用37个中国工业行业2001—2010年的数据对环境规制等因素影响工业行业的出口贸易进行了实证研究。主要的结论如下：

首先，工业行业环境规制对产业的出口贸易存在显著为负的影响，这表明环境规制从总体上提高了出口企业的生产成本并抑制了国际市场的出口竞争力，但另一方面由于污染控制力度的加强改善了本国的环境质量，这与传统理论假说基本吻合。同时，由于出口力未因规制能力的加强而提升，则发达国家不可能在此条件下进行大规模的污染转移，因而，污染避难所假说是否成立需要考虑具体的产业结构、竞争度与规制力度等特征。同时，研发投入、外商投资对出口竞争有显著的推动作用，这表明资金转化过程中如果获得有效的投资渠道和先进的生产条件与技术结合将为出口企业创造更大的市场份额，即资金的间接渠道有利于出口贸易；相反，资本深化体现了对出口贸易的总体负面效果，即我国当前出口部门直接的资本投入缺乏效率，应该加强市场和宏观政策对出口企业资金流向的引导作用。

其次，在对样本分别按污染密集度、技术密集度、资本密集度分组进行实证检验后，论文的研究推论表明：尽管在全样本数据的回归结果中环境规制对出口贸易呈现显著为负的影响。在按照要素密集度标准分组之后的回归结果中环境规制对重污染行业、低技术行业、劳动密集型行业的负向影响明显弱于对轻污染行业、高技术行业、资本密集型行业的影响。这表明环境规制标准的制定能够促进污染密集型企业、低技术企业、劳动密集型企业进行技术创新并改良企业的生产能力，达成提高产品的环境技术含量并使其符合国际标准的效果，这对降低生产区的污染程度和提升产品本身在市场中环保品质都起到改善的作用，因而环境规制从产品结构和行业异质性的角度改善了企业的出口属性，对绿色贸易具有积极地推动作用。这个研究结论表明波特假说在劳动力比较优势行业、污染较为严重或技术含量较低的部门中得到了验证，因为在这些行业中环境规制具有更高的边际实施效果。

综上所述，本章的研究结论为中国实施适当的环境规制提供了理论依据。当前，中国实施包括碳税等在内的环境规制措施不仅是建设环境友好、资源节约型社会的需要，而且也提升了传统具有比较优势产业的贸易竞争力。作为一个劳动力丰富的发展中大国，中国劳动力要素价格相对便宜，这是中国近三

十年在国际贸易中获得巨大成功的一个重要基础。而环境法制、法规的全面建设从技术推动的角度促进了这些产业的发展，并且为实现绿色贸易创造了外部环境。而传统技术的改进又促进了中国比较优势的动态演进，避免陷入“低技术陷阱”而失去产业升级的动力。因此，有理由坚信，中国由环境政策在贸易领域中所形成的经济、社会和环境效益将在未来 30 年中会逐渐展现出来。

第五章

环境规制、地区产业优势与贸易竞争力

一、环境规制与区域贸易发展模式

自20世纪70年代起，环境政策与贸易之间的关系得到了广泛关注，并一直是学术界争论的热点，世界各国政府制定和实施了数量众多、管辖领域各异的环境条例来促进经济与环境的协调发展。在此时期，国内外学者主要关注国际贸易所带来的经济增长和生产规模的扩大是否对环境造成了消极影响？但是，随着经济全球化和国际竞争不断激化，最初出于保护环境而设置的各种环境规制开始被发达国家越来越广泛的应用到国际贸易中，逐渐演变成一种新的"环境贸易壁垒"并日益成为各国政府博弈的核心。越来越多的学者开始关注环境规制对于一国贸易的作用，但其对贸易的影响往往涉及到一国的比较优势、国际分工、产业结构等诸多方面的问题，而且由于研究假设、研究方法和样本选择的差异，不同研究对环境政策是否促进贸易尚存有较大的分歧。

我国在改革开放以来，虽取得了举世瞩目的高增长，并在2010年一举超越日本成为世界第二大经济体，但同时也为这种"高投资"、"高能耗"和"高排放"的粗放型增长方式付出了惨重的资源和环境代价，发达国家上百年工业化进程中的环境问题已在我国集中体现。政府以及相关部门逐步意识到经济发展不能以环境污染为代价，并出台了《中华人民共和国水污染防治法》《中华人民共和国大气污染防治法》《中华人民共和国固体废弃物污染环境防治法》等一系列保护环境条款。我国日益严格的环境规制是否已对我国的竞争力造成了抑制作用，并阻碍了出口增长？由于我国各地区要素禀赋、经济发展差异较大，其对于不同地区、不同产业的影响是否相同？这些问题即将是本章所要讨论的重点。

二、环境规制与地区经济发展的理论假说

迄今为止，相关的理论研究和经验研究对环境规制的贸易影响尚未形成共同认可的结论。传统理论假说的观点为：企业在现有环境下作出最优资源配置，环境规制将迫使企业支付额外的排污税费，增加污染控制设备的购置，

产生操作与维护这些设备的人工支出，从而会对企业竞争力产生负面影响。Baumol 和 Oates(1988)首先假定两个国家生产同种会对环境造成污染的产品，并通过局部均衡分析表明：如果单方采取环境管制政策，则会削弱采取该环境保护国在污染密集型产品上的比较优势。这一结论与 Siebert(1977)提出的环境政策会提高生产成本的研究结论相同。然而传统学派的观点自 20 世纪 90 年代后就受到极大的挑战，该学派受到质疑的关键在于将国家、世界市场抽象为一个静态、短期市场且参与各方的信息是完整的。但随着国际贸易的不断发展，贸易双方很大程度上存在信息不对称的现象，而且越来越多的实证发现，一国的竞争力不仅受到静态效率和固定条件的约束，诸如要素的国际流动、技术的创新突破等动态因素同样会对国际竞争力造成重要影响。

Porter & Vanderlinde(1995)认为严格的环境保护法规将鼓励企业通过开展技术和管理的创新，提高生产效率和质量，从而获得环境和经济的双重利益。因此，设计恰当的环境规制政策可以激发企业的创新动力从而引发技术的升级突破，并借由生产效率的提高来弥补遵循环境管制所造成的成本，这可能使企业获得比不受类似管制约束的企业更大的竞争优势。在遵循环境法规的过程中找出新的、更有效的生产方法或工艺流程是波特理论的核心。Simpson & Bradford(1996)证明了在一个战略贸易模型中，政府可以通过实施严格的环境规制对国内产业提供一种战略优势。Copeland(2000)认为，严格的环境规制会推动企业的技术创新，促进产业结构的优化和产品结构的"绿化"，有利于提升出口商品的国际竞争力，产生"环境规制的创新贸易效应"，有利于促进其出口的增长。黄德春和刘志彪(2006)通过在 Robert(2002)模型的基础上引入了技术系数，模型表明环境规制在给一些企业带来直接费用的同时也会激发企业的创新行为，这些由创新带来的收益可以部分或全部地抵消由环境规制所造成的费用成本。然而波特学派也引发了诸多争议，第一、波特理论具有较高的推测性，其普遍性有待更系统的研究。第二、波特学派认为环境规制所造成的成本增加可以通过效率的提高和技术创新来弥补支出，但事实上企业创新是否能发生以及何时发生都具有不确定性，同时另一个核心问题在于必须正确预测出哪个部门可能发生技术创新，否则会增加企业不必要的研发投入。在上述模型和理论思想的基础上，很多研究试图验证环境规制对国际贸易形成影响的实证依据，其形成的结论也不尽相同。其主要观点如下：

环境规制不利于出口贸易的观点。Gray & Shadbegian(1995)在对美国纸浆和造纸，炼油和钢铁三个产业的实证研究后发现在严格的环境管制下，企业的治污成本与生产率之间存在着负向的关系，即并未发生如波特假说强调环境规制能激发技术创新从而提高生产率的现象。Cagatay & Mihci(2006)构造了一个环境敏感度表现指数来测度不同环境规制强度对贸易模式的影响，论文指出，环境规制强度和出口贸易值之间存在显著的负相关性，并认为发达国家和发展中国家环境规制标准的不同是形成贸易模式迁移及国际分工合作的重要依据。

环境规制有利于出口贸易的观点。Lanjouw(1996)利用美、日、德三国的数据后发现，环境专利数量与污染治理支出间存在正向关系即波特假说中的技术创新是确实存在的，但通常有 1～2 年的滞后期。Costantini & Crespi (2008)的研究估计了不同国家能源产业环境技术改变对出口模式演化的影响。研究表明在订立京都意向书的条件下，环境规制带来了显著的产业比较优势，尤其在能源领域通过技术创新系统的加强成为出口的核心推动力，其研究结论完全支持 Porter & Vanderlinde 的假说。赵红(2008)通过 1996—2004 年的 18 个产业面板数据分析了环境规制对中国产业技术创新的影响。结果表明，环境规制对滞后 3 期的 R & D 和专利申请数量有正向的显著作用，说明环境规制能够在中长期促进技术创新。陆旸(2009)运用 HOV 模型对 95 个国家总样本与 42 个国家子样本进行分析，考虑到环境规制的内生性问题，他在实证中加入"人均收入"作为内生环境规制的估计，同时以国际地球科学信息中心网(CIESIN)提供的全球 146 个国家、地区环境的可持续指标作为外生环境规制变量进行回归方程的估计。检验结果并没有发现环境规制降低了污染密集型商品的比较优势，相反，结果显示严格的环境规制增加了钢铁、化工和纸制品的贸易竞争力。赵玉焕(2009)分析了环境规制对我国纺织品贸易的影响，认为环境规制虽然短期可能增加纺织企业的生产成本使我国纺织品贸易遭受一定的损失；但长期中会提升纺织业的技术水平与产品质量，对我国纺织品贸易具有正向作用。

与上述研究不同，本章的研究重点在于环境规制对于中国区域经济的影响，由于我国资源禀赋不同和技术环境差异，因此在实施各种环境政策后形成的贸易结构差异明显，本章的研究可以从经验的角度了解其对不同发展地区经济、贸易发展模式的推动作用，将区域贸易竞争力、区域环境质量和政策规制之间的关联性进行有效的验证。本章结构如下，在第三节提出本书的研究模型和数据来源，特别强调了城市面板数据分类划分的依据及 SYSTEM GMM 方法选用的合理性。在第四节，对研究的数据进行了实证分析，并对各区域环境规则对地区贸易发展和经济增长的影响做出了经济解释。本章结论及展望在第五节给出。

三、区域环境规制模型设定及数据来源

由于本章的目的是考察中国284个城市的环境规制对于贸易竞争力的影响，所以首先需要对中国各个城市的环境规制进行测度。由于目前中国还未建立完善的环境状况综合评定指标并且各个城市的环境状况评定指标的完善程度也不尽相同，所以要寻找替代变量来衡量中国不同地区的环境规制的严格程度。目前，国际上比较通用的环境评价指标主要分为直接评价指标和间接评价指标。直接评价指标以签订的国际环境保护公约条款数、制定与颁布的环境政策及环境标准的数量、企业或政府对于环境保护投资额与环境治理投资额的等作为指标。间接评价指标则侧重污染物排放量，污染物处理的力度（处理率、达标率）等。对于如何通过一个综合性指标来全面和科学地表述一个国家或地区环境规制的整体水平，国内外已有的研究尚未给出满意的答案。考虑到我国各城市数据的可得性，本书选择了环境污染治理投资额衡量环境规制。

基于上述环境规制变量的确立，本书选取中国284个城市出口贸易总额（*EX*）作为被解释变量，环境规制强度（*ENVIR*）作为解释变量。284个城市出口贸易总额数据选取自历年《中国区域统计年鉴》与各省统计年鉴。环境规制强度变量的数据来源于历年《中国城市统计年鉴》。由于对出口贸易的影响因素很多，实证模型的建立中还加入了一些控制变量。

首先，R & D研发费用能够体现企业对于现有技术的改进程度、而技术的升级与创新无疑会提升企业的竞争能力，并增加出口贸易额。其次，根据产业组织理论，行业结构与行业规模也会对一个地区的主导产业以及出口贸易产生影响。此外，外商直接投资对出口贸易也可能存在影响。因此，本章选择研发投入、外商直接投资、行业规模、资本深化作为控制变量，其数据均来源于《中国城市统计年鉴》。

研发投入（RD）：研发投入越多代表该城市对现有技术的升级改造能力越强，从而越能有效提高污染物的处理率与达标率。由于公开的统计年鉴未能提供中国各个城市的研发投入，因此需要采用其他指标予以替代。综合已有的经验文献，衡量各城市研发费用的指标主要采用各城市地方财政支出中的科学教育支出作为替代变量，所以本书也沿用该指标表示某城市的研发投入程度。

外商直接投资（*FDI*）：选取各城市市区当年实际使用的外商直接投资数额来衡量该变量，单位（万美元）。

资本深化（*CAP*）：本书选取各地区固定资产净值年平均余额与流动资产年平均余额的总和与从业人员比值（万元/人）来衡量该变量。

行业规模（*IND*）：选取各地区工业总产值来衡量该变量。行业规模在一定程度上反映了工业企业依据成本优势所具有的开拓市场、占领市场的能力，进而影响到企业的出口贸易额。由于国际贸易具有动态变化的特征，因此若采用普通的面板数据方法进行回归可能得到有偏的结果。基于上述考虑，本书拟采用动态面板模型。基于系数解释方面的良好性质，将变量取了对数，最终建立了如下形式的动态面板模型：

$$\log EX_{it} = \beta_0 + \beta_1 \log EX_{it-1} + \beta_2 \log ENVIR_{it} + \beta_3 \log RD_{it} + \beta_4 \log FDI_{it} + \beta_5 \log IND_{it} + \beta_6 \log CAP_{it} + \lambda_t + \xi_{it}\beta$$

上述回归模型中的下标 i 和 t 分别表示第 i 个城市的第 t 年；ξ 是随机扰动项，β 是待估回归系数，λ_t 表示时间效应。

四、实证分析及结果解释

实证研究越来越重视变量的内生性问题，严重的内生性会导致模型回归结果的有偏和非一致性。已有研究中解决内生性的传统方法是工具变量法，然而从模型外部选择合适的工具变量难度很大因为自主选择的工具变量很有可能并不符合严格外生条件或所选的工具变量只是弱工具变量。如前文所述，因为出口具有一定的系统持续性特征，因此有必要在回归方程中引入一阶滞后项，但是引入该项后将会与环境规制变量、R & D 变量等产生内生性问题。为了克服该问题，本书选择动态面板 GMM 估计方法。目前，动态面板数据模型主要有两种估计方法：差分 GMM 和系统 GMM。Arellano & Bover（1995）认为差分 GMM 估计仅对差分方程进行估计，因此可能损失一部分信息。Blundell & Bond（1998）认为标准的差分 GMM 因自变量滞后项和自变量差分滞后项的相关性不高容易导致弱工具变量的问题。系统 GMM 则同时对水平方程和差分方程进行估计，该方法由于利用了更多的样本信息，在一般情况下比差分 GMM 估计更有效，因而本书采用系统 GMM 方法进行估计。当然，系统 GMM 是以新增工具变量是有效的为前提。为了验证工具变量的有效性，本书进行了 Sargan 检验。

在此基础上，作者对 2002—2010 年中国的 284 个城市面板数据构成的模型分别进行了固定效应估计（FE）、随机效应估计（RE）与广义矩估计（SYS GMM）。

表 5-1 全样本条件下环境规制对出口贸易影响的实证结果表

解释变量	FE	RE	SYSGMM	SYSGMM
*L.*log *EX*	0.387*** (15.81)	0.866*** (72.55)	0.739*** (15.05)	0.741*** (15.91)
log ENVIR	0.021* (1.68)	0.007 (0.63)	0.056*** (3.04)	0.035* (1.72)
log *RD*	0.020** (2.11)	0.007 (0.73)	0.007 (0.74)	−0.059 (−1.28)
log *FDI*	0.072*** (3.32)	0.096*** (7.52)	0.170*** (4.29)	0.141*** (3.17)
log *IND*	0.480*** (7.90)	0.120*** (3.05)	−0.014 (−0.17)	0.198* (1.76)
log *CAP*	−0.084 (−1.16)	−0.128*** (−3.20)	0.057 (0.75)	−0.036 (−0.32)
_*CONS*	−0.633 (−1.32)	0.684*** (2.87)	0.061 (0.15)	−0.595 (−1.28)
时间截距 *t*	No	No	No	Yes
sargan			295.010	208.731
SAR_df			101.000	101.000
N_g	284.000	284.000	284.000	284.000
样本量	1817	1817	1674	1 674

注：第一列 FE 表示固定效应的估计，第二列 RE 表示随机效应的估计，第三、第四列 SYSGMM 表示系统 GMM 估计，第四列的 YES 表示模型中加入时间效应。括号内为估计量的 t 统计量。***、** 和 * 分别表示在 1%、5% 和 10% 的水平上显著。第四列时间截距显著年份的有 2005 年、2006 年、2008 年、2009 年，对应系数和显著性水平分别为：−0.284**、−0.212*、−0.132**、−0.496***。

全样本的回归结果如表 5-1 所示，用 *ENVIR* 指标来衡量环境规制，回归结果表明环境规制对出口贸易起到正向显著的促进作用且验证了波特假说的合理性。由于近年来政府一直重视结构调整，尤其是我国东、中地区的产业结构已经历或正经历着从劳动、污染密集型逐渐向资本、技术密集型转变的过程。当地的社会各阶层已逐步意识到经济发展不能以环境污染为代价，要尽可能地避免地区走上“先污染，后治理”的老路。所以作为环境质量的有力监控方，政府机构制定了更贴近生产实际的、更加严格的环境标准。从结果可以看出这些环境政策恰恰激励着企业对“绿色”产品的创新努力并寻求具有竞争优势的清洁生产方式。一旦形成了自身的这种竞争优势便可满足国际市场对于产品环保的要求从而能够维护甚至是开拓新的国际市场。这一结论与波特学派中的 Copeland & Talor (1994)的结论近似。

对于其他控制变量，外商投资对出口也呈现了显著的正向影响，这表示外商直接投资为引资地区带来了新兴的生产技术并帮助当地经济快速实现绿色发展从而使其产品更易符合国外标准，并且外商直接投资可能会带来更便利的出口渠道，这些都有利于出口贸易。行业规模对出口贸易的影响显著为正，行业规模越大越容易形成规模经济从而对出口贸易的有积极影响。按照经济学的直觉，企业研发投入的增加往往会促使技术的创新与升级，这无疑会增加企业的生产效率和国际竞争力从而对其出口贸易产生有利的影响。但由结果可知，研发投入对出口贸易的影响并不显著甚至在加入了时间效应的 SYSGMM 中研发投入对于贸易出口有负向的抑制作用。根据 Cohen & Levinthal (1989) 的观点，企业从加大研发投入到最终出口生产效率的提高是一个不断积累和关联的过程，而且这一过程持续时间的长短往往与企业的吸收能力密切相关。2008 年美国金融危机以及接踵而至的欧洲债务危机都使得各国频繁诉诸“贸易保护主义”的大旗，对我国出口的产品提出日益苛刻的环保要求以维护自身本土市场。许多企业由于自身条件的限制并未对加大研发投入以满足国外厂商的环保要求，从而失去了国外市场；而那些为维护国际市场份额、满足环保要求的企业虽加大了研发力度，但由于研发投入到产生有效成果需要长期的积累，许多中小型企业不堪成本重负而举步维艰，所以才会出现有负向抑制作用的结果。相反，资本深化对出口贸易的影响为负但不显著，这与我国的实际情况基本相符。由于目前从全国层面上看比较优势仍集中于劳动密集型行业，因此人均资本密集程度的增加会对贸易出口造成一定的抑制作用。但由于东部地区产业结构逐步向技术密集型迈进所以负向效果并不显著。

由此可见，我国贸易竞争优势较强的产业，往往是那些劳动力竞争优势强、产能大、外资进入程度高的产业。从我国所处的全球产业链布局看来，环境规制若要发挥对竞争力的积极作用，关键在于通过环境规制促使企业自主创新与技术升级改造。

表 5-2　中国东部地区环境规制对出口贸易影响的实证结果表

解释变量	FE	RE	SYSGMM	SYSGMM
L.log *EX*	0.571*** (12.66)	0.868*** (43.71)	0.777*** (16.57)	0.786*** (15.33)
log ENVIR	−0.010 (−0.65)	−0.020 (−1.52)	0.024 (1.60)	0.012 (0.48)
log *RD*	0.028** (2.18)	0.014 (1.17)	0.033** (2.12)	0.008 (0.25)
log *FDI*	0.052 (1.46)	0.070*** (3.57)	0.097*** (3.65)	0.082*** (2.69)
log *LND*	0.264*** (4.38)	0.057* (1.85)	0.090 (1.32)	0.126* (1.65)
log *CAP*	−0.003 (−0.04)	−0.111*** (−2.90)	−0.115*** (−3.16)	−0.074 (−1.56)
_*CONS*	0.377 (0.050)	1.598*** (3.44)	1.294* (1.89)	0.701 (0.65)
时间截距 *t*	No	No	No	Yes
sargan			189.739	185.884
SAR_df			101.000	101.000
N_g	105.000	105.000	105.000	105.000
样本量	768	768	681	681

注：第四列时间截距显著年份的有 2008 年、2009 年，对应系数和显著性水平分别为：−0.104**、−0.321***。

中国东部地区环境规制对出口贸易影响的回归结果如表 5-2 所示，*ENVIR* 环境规制在 *FE* 与 *RE* 下有不显著的负效应而在 SYSGMM 估计中环境规制对出口贸易的影响为正但不显著。由于我国东部地区经济和科学技术发展水平较高，运输物流业和通讯设施的基础较好，现阶段的重点是加强现有企业的技术改造，大力开拓新兴产业，将经济发展模式从一般加工制造业和劳动密集型制造业向研发、投融资、综合物流、专业服务等服务业转变①。在相对污染较低的技术密集型产业中，环境规制会对资本效应产生一定的替代作用，会引起企业利润的下降。但环境规制也使东部地区劳动密集型产业进行技术上的改良创新，使其产品符合国外标准，有利于产品的出口。所以，正是由于环境规制对不同产业造成的影响效果不同才致使结果不显著，但总体而言环境规制变量对于东部地区的出口贸易保持正向影响。

① 作者根据《国民经济和社会发展"十二五"规划纲要》整理。

不同于全样本的估计结果，研发投入对出口贸易有着正面的影响。这说明虽然从研发投入到最后有效成果的产生是一个积累和持续的过程，但我国东部地区企业已经享受到由研发投入带来的生产效率提高与技术的升级换代，良性循环已经初步形成。这一实证结果与江珂(2011)的结果相同。

此外，同全样本数据回归结果一致的是：外商投资对出口也呈现了显著的正向影响，这表示外商直接投资为我国东部地区带来了先进的生产技术和环保的管理理念，同时由于该地区大部分企业综合素质较高、吸收学习能力较强，因此更容易掌握国外先进的技术成果和管理经验。这些因素都有利于出口贸易。行业规模对出口贸易的影响显著为正，说明规模经济对东部地区出口贸易有积极的影响。资本深化对出口贸易的影响为负但仍不显著，这表明目前我国东部地区劳动密集型行业仍具有比较优势，因此人均资本密集程度的增加会对贸易出口造成一定的抑制作用。但由于东部地区产业结构逐步向技术密集型迈进所以负向效果并不显著。

表 5-3　中国中部地区环境规制对出口贸易影响的实证结果表

解释变量	FE	RE	SYSGMM	SYSGMM
*L.*log *EX*	0.454*** (14.28)	0.818*** (44.52)	0.680*** (13.91)	0.687*** (11.55)
log ENVIR	0.043** (2.19)	0.017 (1.02)	0.079*** (3.04)	0.058** (2.02)
log *RD*	−0.005 (−0.34)	−0.005 (−0.39)	−0.011 (−0.82)	−0.003 (−0.05)
log *FDI*	0.048 (1.38)	0.079*** (3.96)	0.092*** (2.77)	0.075* (1.94)
log *IND*	0.464*** (7.01)	0.061* (1.66)	0.158* (1.71)	0.206 (1.26)
log *CAP*	−0.241** (−2.42)	−0.109** (−2.48)	−0.127 (−1.64)	−0.112 (−1.41)
_CONS	0.601 (0.72)	1.591*** (3.20)	0.992 (1.40)	0.520 (0.32)
时间截距 *t*	No	No	No	Yes
sargan			183.348	149.001
SAR_df			101.000	101.000
N_g	112.000	112.000	112.000	112.000
样本量	735	735	697	697

注：第四列时间截距显著年份的有 2008 年、2009 年，对应系数和显著性水平分别为：−0.188*、−0.606***。

中部地区环境规制对出口贸易影响的实证结果如表5-3。*ENVIR* 环境规制在 *FE*、*RE* 亦或是 SYSGMM 估计中对出口的影响为正且在加入时间效应的 SYSGMM 估计中正向影响效应显著。我国中部地区煤炭、金属、非金属资源丰富，黑色金属矿采选业、有色金属冶炼及压延加工业、煤炭开采等重工业为区域优势产业①。但由于发展当地经济迫切的意愿一定程度上放松了在经济发展过程中的环境保护力度，诸如：水土流失、长江中游的洪涝以及长城沿线的风沙等自然灾害频发。这也促使当地政府和企业逐步意识到经济发展不能以环境污染为代价，并着手采取各项措施治理在经济发展前期由污染型产业所导致的环境污染。而污染型企业的技术创新相较于清洁型企业对于效率提升有更大的改善空间，即环境规制能够通过促使污染型行业进行技术上的改良创新，提高其生产力，也增强了企业的国际竞争力。

此外，同全样本数据回归结果一致的是：研发投入对出口贸易有不显著的负向抑制作用，但中部地区的影响系数明显小于在全样本下的系数，这表明现阶段我国中部地区研发成果所带来的效益尚不能完全弥补由于研发所需要的投入。就如前文所述，这是一个循序渐进的过程并不能一蹴而就，因此中部地区还存有一定的改善空间。外商投资对出口也呈现了显著的正向影响，这表示污染密集型产业的外商直接投资企业倾向于采取环境友好型的生产和治污技术，企业通过使用较先进的技术能有效地提高生产效率。这与 Eskeland & Harrison(2002) 的理论模型推论相吻合。

西部地区环境规制对出口贸易影响的实证结果如表5-4。*ENVIR* 环境规制在 SYSGMM 估计中对出口贸易有不显著的负向作用但在加入时间效应的 SYSGMM 估计中正向影响但也不显著。由于历史的原因，西部地区农、轻、重工业比例严重失调，国家楔入投资形成的重工业如军事工业、钢铁工业与当地资源禀赋、农业、轻工业等基础产业联系组合环节较少。国家的大量投资沉淀于某一部门或某些国有企业中，无法对周围相关产业发挥扩散作用和带动作用。近年来国家十分重视调整和优化西部产业结构，着重培养西部地区核心优势。当地各级政府也意识到可持续发展的重要性因此制定了严格的环境保护条款并给予生产企业补贴等措施。然而，主导产业的优化与之所形成的技术升级换代需要漫长而系统的调整，这是环境规制系数不显著的缘由。

① 作者根据历年《中国工业统计年鉴》数据统计整理所得。

表 5-4　中国西部地区环境规制对出口贸易影响的实证结果表

解释变量	FE	RE	SYSGMM	SYSGMM
$L.\log EX$	0.070 (1.03)	0.818*** (19.27)	0.624*** (3.98)	0.599*** (3.97)
log ENVIR	0.137** (2.33)	0.020 (0.36)	−0.002 (−0.04)	0.056 (0.78)
$\log RD$	0.025 (0.40)	0.008 (0.12)	−0.011 (−0.24)	0.044 (0.22)
$\log FDI$	0.212*** (3.77)	0.110** (2.45)	0.132 (1.26)	0.073 (0.70)
$\log IND$	0.848*** (4.09)	0.066 (0.66)	0.454* (1.87)	0.585* (1.91)
$\log CAP$	−0.078 (−0.43)	0.009 (0.07)	−0.078 (−0.61)	−0.016 (−0.11)
_*CONS*	−6.282** (−2.43)	−0.382 (−0.22)	−3.160 (−1.30)	−6.298* (−1.77)
时间截距 *t*	No	No	No	Yes
sargan			105.683	108.047
SAR_df			89.000	86.000
N_g	56.000	56.000	56.000	56.000
样本量	244	244	238	238

注：第四列时间截距显著年份的有 2009 年，对应系数和显著性水平分别为：−0.419***。

不同于东部地区的实证结果，研发投入对出口贸易的正向影响较大但也不显著。虽然西部地区的经济发展起步时间较晚，研发投入积累较东部地区较少，但由研发投入带来的生产效率提高与技术的升级形成的边际有效成果会相对东部更加明显一些。

不同于全样本、东、中部地区外商直接投资对出口贸易影响的实证结果，外商投资对出口贸易虽也呈现了正向影响但不显著。由于开放政策、经济地理等历史因素造成我国实际利用的外商投资绝大部分投放于东部沿海地区。虽然近年来，随着我国区域振兴及扶持政策向中、西部地区倾斜，增加了外商直接投资对这些新兴区域的关注及支持力度，*FDI* 呈现出从东到西、从沿海到内陆的投资转移趋势。但总体上来说，东部沿海地区吸引绝大部分外商投资的状况仍未有明显改观。其中，江苏、广东及浙江等省始终是外商投资的重点区域，而辽宁、海南等省则是外商直接投资增长率最快的省份，目前西藏、内蒙古等省份依旧是外商直接投资最少的省市①。这造成了西部地区外商直接投资对出口贸易影响不显著的结果。

① 作者根据历年《中国城市统计年鉴》数据整理所得。

长江三角洲和珠江三角洲环境规制对出口贸易影响的实证结果如表5-5所示。虽然两大经济特区有许多相似点,但仔细比较一下估计结果,还是能够发现其中明显的差异性。

在长江三角洲模型估计结果中,*ENVIR* 环境规制在加入时间效应的SYSGMM估计中对出口贸易有不显著的正向作用,但在其他估计方法中却有不显著的抑制作用。而珠江三角洲的模型估计结果则完全相反。长三角产业结构优于珠三角尤其在信息、金融等高科技产业优势明显[①]。就如同前文所述,环境规制在相对污染较低的技术密集型产业中对资本效果有一定的替代作用。但环境规制也使长三角地区劳动密集型产业进行技术上的改良创新,使其产品符合国外标准,更有利于增强产品的贸易出口竞争力。正是由于这两种不同的作用才会出现如模型所呈现的结果,但总体上环境规制对于长三角地区的出口贸易是有正向影响。相较于长三角地区,珠三角制造业的专业化程度相对更高,而制造业整体具有较强的"单一性":过多集中于服装、玩具、电子装备和轻工等劳动密集型加工贸易行业。虽然在加入时间效应的SYSGMM估计中对出口贸易有不显著的负向作用,但这并不能表明珠三角已经完成由简单贸易加工升级转型为以技术密集型为导向的经济发展模式。相反,正是由于近年来劳动力成本上升、国内外对于产品的环保要求的日益提高,这些因素都增加了企业的成本,许多企业由于接不到订单或是不堪重负,所以才会有如模型中的负向抑制作用。

对比两大经济特区的结果可知,研发投入在长三角对出口贸易有着正面的、显著的影响。而珠三角研发投入对出口贸易有着正面的影响但不显著,其系数也小于长三角地区。这是由于长三角较于珠三角拥有更多高科技人才储备和高素质的劳动力资源的缘故。长三角外商投资对出口贸易虽呈现了正向影响而珠江三角洲无论在哪种估计方法其系数始终为负。在改革开放以来,两大特区制造业外贸依存度都不断攀升,但是珠三角的外贸依存度指数一直大大高于长三角[②]。这种现象背后有两方面的原因。其一,长三角由于自身地理位置以及周遭铁路、公路等基础设施更为发达,中间产品较之珠三角更多来自于国内,进口中间产品的数量相对较小,具有一定的独立性。其二,长三角制造业生产的产品销售较之珠三角更少依赖于外部市场,因此外部市场的波动对其影响相对较小。虽然珠三角外商投资额稳定在全国的11%~20%,

---

① 作者根据历年《上海工业统计年鉴》《浙江省统计年鉴》《江苏省统计年鉴》数据整理所得。

② 对外贸易依存度是作者根据历年《中国统计年鉴》,《中国区域统计年鉴》中的各地区进出口总额与国内生产总值之比计算所得。

表 5-5　长江三角洲和珠江三角洲环境规制对出口贸易影响的实证结果表

解释变量	长江三角洲				珠江三角洲			
	FE	RE	SYSGMM	SYSGMM	FE	RE	SYSGMM	SYSGMM
L.log *EX*	−0.045 (−0.08)	0.862*** (5.04)	0.802*** (4.24)	1.121*** (15.77)	0.603*** (7.19)	0.820*** (12.99)	0.817*** (7.50)	0.875*** (11.08)
log *ENVIR*	−0.079 (−1.05)	−0.075 (−1.15)	−0.035 (−0.69)	0.021 (0.88)	0.018 (0.51)	0.021 (0.79)	0.017 (0.92)	−0.021 (−1.52)
log *Rd*	0.034 (0.59)	−0.002 (−0.03)	0.019 (0.69)	0.327*** (2.64)	0.050** (2.14)	0.035 (1.37)	0.031 (0.83)	0.004 (0.24)
log *FDI*	0.003 (0.01)	0.027 (0.18)	−0.008 (−0.13)	0.031 (0.54)	−0.320 (−1.65)	−0.011 (−0.10)	−0.013 (−0.18)	−0.086* (−1.78)
log *LND*	0.786 (0.95)	0.092 (0.27)	0.138 (0.64)	−0.051 (−0.40)	0.377*** (2.79)	0.162* (1.82)	0.181 (1.61)	0.233** (2.16)
log *CAP*	0.673 (1.13)	−0.102 (−0.42)	−0.129 (−1.03)	−0.022 (−0.24)	−0.205 (−0.95)	−0.187 (−1.54)	−0.176* (−1.74)	−0.082 (−1.07)
_*CONS*	−7.365 (−1.14)	2.278 (0.70)	2.389* (1.73)	2.999** (1.99)	4.910** (2.02)	1.827 (1.10)	1.498 (1.26)	0.192 (0.18)
时间截距 *t*	No	No	No	Yes	No	No	No	Yes
sargan			158.558	159.275			51.220	42.783
SAR_df			86.000	84.000			56.000	51.000
N_g	16.000	16.000	16.000	16.000	9.000	9.000	9.000	9.000
N	127	127	111	111	65	65	56	56

注：第四列时间截距显著年份的有 2002、2003、2004、2005、2006、2008、2009 年，对应系数和显著性水平分别为：−1.302***、−1.019***、0.290**、−1.005***、−1.560*、−0.254***、−0.571***。第八列时间截距显著年份的有 2008、2009 年，对应系数和显著性水平分别为：−0.136***、−0.337***。

但由于对外依存度较高受国际环境影响较大才会有如模型结果中的负向效果出现①。

五、区域环境规制模型的主要结论

相较于之前文献运用产业或省级数据，本章运用我国284个城市数据对环境规制等因素影响出口贸易进行了实证分析。此外，与大多数研究集中于从我国整个宏观层面分析环境规制对于贸易竞争力的作用不同，本章更侧重于研究其在不同区域产业优势的约束下对贸易发展的推动作用，并进一步将研究样本划为东、中、西部、长三角和珠三角分别进行考察。考虑到变量的内生性问题，本章采用了更有效的SYSGMM方法作为对实证方法的改进，并得到了如下几个主要的结论：

第一，环境规制总体上对我国出口贸易有正向的促进作用，在全样本模型实证结果中其对贸易竞争力的正效应显著。这说明在总体上，环境政策能够激励企业通过在"绿色"产品方面的创新，寻求具有竞争优势的清洁生产方式，符合波特假说的相关特征。就东部地区而言，由于人力流向最为集中、经济最为发达且高新技术产业基础较好，我国东部地区逐步形成了由高新技术产业为主导的经济发展模式。由于环境规制在相对污染较低的技术密集型产业中资本替代的作用，所以环境规制对东部地区出口贸易的影响并不显著。相反，中部地区由于自身的要素禀赋，形成了以冶炼加工业、矿产开采等资源类产业为支柱的发展模式。从实证结果中可知，环境规制可以通过促使中部地区污染型行业进行技术上的改良创新来提高其产品的竞争力。另外，由于体制和自身约束条件等诸多方面的原因，我国西部优势产业仍集中于资源开发类产业且产品附加值低、产业链短、国有大中型企业垄断资源的现象普遍存在②。虽然近年来我国对于西部地区给予大力的支持，但这些根深蒂固的问题严重制约了西部地区的结构调整与主导产业的形成，同时也阻碍了技术的升级换代，故西部地区的结果并不显著。

第二，长三角地区在高科技、技术密集型产业优势明显，由于环境规制的

---

① 作者根据历年《中国城市统计年鉴》数据整理所得。

② 作者根据历年《中国工业统计年鉴》数据整理所得。

资本替代作用，造成长三角环境规制对其出口影响不显著的结果。相较于长三角，由于珠三角产业结构较为单一、科技创新能力不强、外贸依存度较大等因素，使得环境规制在国外市场不景气的情况下增大了珠三角中小企业的负担，对出口造成了一定的抑制作用。

第三，企业研发投入的增加往往会促使技术的创新与升级，但不容忽视的事实是从加大研发投入到最终出口生产效率的提高是一个不断积累的过程，这一过程的持续时间往往与企业的消化吸收能力及当地劳动力素质密切相关。由于长三角拥有在这方更具优势因此研发投入对长三角的贸易出口效果最为明显。

本章还有待进一步研究的内容包括如下几个方面：第一，由于发展需要以及东部地区生态环境压力等诸多原因，近年来我国东部产业向中、西部梯度转移的趋势明显，尤其是东部地区将石油化工、煤化工、冶金等环境不友好的技术、产品"搭便车"到中西部地区。因此，从空间计量的角度研究环境规制对各区域贸易结构的改变是一个未来重要的研究方向。第二，环境规制能够提升本国产品国际竞争力的关键在于环境规制能够激发企业微观产品创新的动力。如何针对不同类型的企业设计最能激发其潜能的环境政策也是一个值得在未来完善和深入探讨的项目。

第六章

环境规制、所有制类型与出口贸易行为

一、环境规制与出口部门的制度差异

加入 WTO 以后，中国制造业已经逐步融入到全球价值链体系中，出口贸易成为经济发展中的重要引擎。但是作为贸易发展中的副产品，工业污染的问题也日趋严重，影响到人们赖以生存的生态环境。2005 年，评估世界各国（地区）环境质量的“环境可持续指数”（*ESI*）在瑞士达沃斯正式对外发布，在全球 144 个国家和地区中，芬兰位居第一，中国位居第 133 位。针对这种社会经济可持续发展面临的问题，国务院有关部门、地方人民代表大会和地方人民政府依照职权，制定和颁布了规章和地方环境保护法规 660 余件[①]。政府制定环境政策的战略目的在于通过设定更高的生产技术标准和排污标准长期而有效的保护环境，从而推动资本密集型和技术密集型出口部门的绿色贸易。

另一方面，改革开放以后中国出口部门一直保持着多元化的所有制构成，主要以私营企业、外商企业和国有企业为主。不同所有制部门的企业在资本密集度和研发投入上差距很大，以 2004—2010 年为例，我们选取资本深化（*KL*，总资产/员工人数）来衡量资本密集度指标，国有部门在该项中为 91.5 万元每人，FDI 部门该比值 42.9 万元每人，私有部门该项比值 26.0 万元每人。同期，国有企业研发投入为每万元资产投入 23.0 元，FDI 部门该项比值为 93.9 元，私有部门该项比值为 46.7 元[②]。由此可见，国有和 FDI 部门倾向于资本和技术密集型，而私有部门则归属于劳动密集型和低技术密集型的出口类型。因此，在我国实施积极的环境规制政策的条件下，规制对各种不同的所有制类型是否存在一致性的策略影响？规制是否能够推动不同所有制结构下绿色贸易的发展？对上述问题的研究正是本章重点解决的研究对象。

在前期的文献中，对基于波特假说的环境规制与贸易间的研究成果已趋近成熟，但在所有制分类条件下环境政策的效果验证却属于近年来新兴的前沿领域。Porter（1991）和 Linde（1995）认为严格的环境保护法规将鼓励企业通过开展技术和管理的创新，提高生产效率和质量，从而获得环境和经济的双重利益。在制度类型的构架下，Earnhart 和 Lizal（2007）认为企业所有制结构对企业环境绩效的直接和间接影响系数都非常显著，国有企业比私有企业更显著降低了绝对排放和相对排放水平；Lee（2009）通过实证分析也获取了相

① 以上数据均来源于全国人大的《中国法律法规信息系统》。

② 数据通过中国科技统计年鉴和中国工业经济统计年鉴和中国普查统计年鉴 2004 计算所得。

似结论，他们认为公共企业因为迫于更大的外部压力而具有更强的社会责任感，因此更倾向于减少污染，具有较高的环境绩效。卢现祥和许晶(2009)采用GMM估计方法，选取我国2003—2009年的省级面板数据，对国有企业、私营企业和外商港澳台企业与区域工业污染之间的关系进行实证研究。研究结果表明：国有企业、私营企业和外商港澳台企业的环境污染效应均为正，这三类企业的发展均会导致环境状况恶化；征收排污税可以改善环境，而工业污染源治理资金的投入却并未带来相应的环保效益。

与上述研究不同，本章针对中国出口部门体现的制度类型多元化的特征，应用37个行业的面板数据，分别考察了环境规制对私营部门、外资部门和国有部门出口贸易产生的影响，并根据各分类部门要素密集程度的不同进一步判定规制对绿色贸易的推动作用。为了解决模型中存在的内生性问题，本章采用GMM估计方法获取了更加稳健的回归结果。研究结论表明，由于中国出口贸易中劳动力比较优势的存在，环境规制对三种类型行业出口均起到抑制的作用。但是由于我国国有企业和外资企业中技术密集、资本密集程度相对较高，污染严重程度较低，因而环境规制约束效果相对较低，相反，在私有部门出口过程中，由于劳动密集度相对较高且技术密集相对较低，因而其约束作用更强。

本章的结构如下：在本章第二节提出了环境规制的综合指标及考虑制度类型的实证模型，并且说明了研究的数据来源；在本章的第三节对回归估计的结果进行了经济学解释，研究结论在第四节中给出。

二、制度差异条件下环境规制的模型设定和数据来源

基于前文的研究，我们选取工业行业出口贸易总额(*EX*)作为被解释变量，环境规制作为解释变量。为了研究的代表性，本章采用前文中一个基于废水废气固体废弃物排放的综合指标环境规制强度(*ERS*)来衡量环境规制。

选择控制变量方面，首先，R & D成本反应企业的技术改进程度，从而会影响到企业的竞争能力，因此可能会对企业的出口贸易产生影响。其次，根据产业组织理论，企业所处的行业结构和规模特征可能对出口贸易产生影响。此外，外商直接投资也会对出口贸易存在可能的影响。这样，本章将研发投

入、利润水平、外商投资、资本深化、行业规模作为控制变量。

研发投入(RD):研发费用包括了开发新产品经费、工业技术改造经费、工业技术引进经费、消化吸收经费、购买国内技术经费。数据单位为万元。在我国的国情下,作为制造业大国,我国的竞争力还停留在制造行业中的加工环节,考虑到研发投入对比较优势出口部门的积极作用比较明显,应将该变量作为重要研究变量。

利润水平(CP):采用工业成本费用利润率(%)来衡量行业的利润率水平。该百分比用于反映企业投入的生产成本及费用的经济效益,同时也反映企业降低成本所取得的经济效益。

外商投资(FDI):选用外商投资资本来衡量该变量。

资本深化(KL):本书选取资产总计与从业人员比值(万元/人)来衡量该变量。一个行业的人均物质资本存量相对较大被作为资本密集型,反之,则被作为劳动密集型。行业的人均物质资本存量大表示该行业拥有更多、更先进的机器设备,也意味着拥有更先进的技术水平。

行业规模(SI):选取行业工业总产值来衡量该变量。行业规模在一定程度上反映了工业企业所具有的开拓市场、占领市场并以此获取利润的能力,进而影响到企业的出口贸易额。实证变量选取的目的如下表所示:基于上述变量选择结果,同时考虑到出口贸易的连续性和动态调整过程,加入了出口贸易的一期滞后作为控制变量后,动态面板模型如下:

$$\log EX_{it} = \beta_0 + \beta_1 \log EX_{it-1} + \beta_2 \log ERS_{it} + \beta_3 \log RD_{it} + \beta_4 CP_{it} + \beta_5 \log FDI_{it} + \beta_6 \log KL_{it} + \beta_7 \log SI_{it} + \varepsilon_{it}$$

考虑到外商投资和行业规模之间的关系,在上述模型中加入交互项,并加入时间截距,得到计量模型如下:

$$\log EX_{it} = \beta_0 + \beta_1 \log EX_{it-1} + \beta_2 \log ERS_{it} + \beta_3 \log RD_{it} + \beta_4 CP_{it} + \beta_5 \log FDI_{it} + \beta_6 \log KL_{it} + \beta_7 \log SI_{it} + \beta_8 \log FDI \times SI_{it} + \sum_{j=2}^{9} \beta_{j+7} YEAR_{jt} + \varepsilon_{it}$$

上述回归模型中的下标 i、j 和 t 分别表示第 i 个行业、第 j 种制度类型和第 t 年;ξ 是随机扰动项,β 是待估参数。在此基础上,本书依据工业行业分类标准及数据的完整性和可得性,选取了 2001—2010 年 37 个行业的变量数据。考虑到国民经济中各类所有制经济的比重,我们选取了占国民经济比重最为重要的三种制度类型数据:1 规模以上私营企业(2004—2010),2 规模以上的外商投资和港澳台投资企业(2001—2010),3 规模以上的国有及国有控股企业

(2001—2010)。模型变量中出口交货值(*EX*)、成本费用利润率(*CP*)、外商投资(*FDI*)、总资产、从业人数、行业总产值(*SI*)分制度类型的行业数据来自中国工业经济统计年鉴(2002—2004,2006—2011)和中国经济普查年鉴2004。研发(R & D)和环境规制(*ERS*)数据,在统计年鉴中没有分企业类型数据,我们统一选取全行业数据来代替,研发(R & D)数据来自中国科技统计年鉴,环境规制(*ERS*)二级数据来自中国统计年鉴。

三、基于所有制类型的环境规制效果解释

考虑到中国的改革开放政策和加入WTO的事实,经济主体呈现出结构多元化的状态,不同所有制类型的企业在出口贸易中具有各自的特点。为了使研究更具有代表性,我们选取了在中国经济中比重最大,特点最为鲜明的三类所有制类型的企业作为我们的研究主体。这三类企业分别是私营企业、国有企业和外资企业。私营企业作为中国民营经济的代表,在过去的三十年间发展迅速但主要以劳动密集和低技术为特征;国有企业经过改制能够获得政府补贴且规模一般较大,资本密集度高同时具有国家技术支持的优势;外资企业相对来说具有规模、技术、管理水平和海外网络的优势。为了分析所有制类型在环境规制和出口竞争力之间的作用,判断企业所有制能否对环境规制与出口竞争力之间起到调节作用,我们依次将私营企业、外资企业和国有企业的数据带入模型中,比较分析三类企业在四个模型中的表现。由于本书模型中环境规制、R & D及成本利润率之间存在内生性问题,故采用系统GMM方法进行估计。为了验证工具变量的有效性,本书根据Arellano & Bover以及Blundell & Bond的建议进行Sargan检验。

私营部门回归结果如表6-1所示,环境规制在模型1至模型4中对出口系数显著为负,且模型2中环境规制的滞后1阶对出口系数为负但不显著。在四个模型中,环境规制都呈现对出口竞争力的约束作用。这主要是因为私营企业具有劳动密集型和低技术水平的特征,国内的环境规制对私营企业来说更多地体现为成本的增加,同时由于更为严重的污染也触发了更高的惩罚成本,总成本增加导致出口竞争力的下降,故私营企业的研究结论符合古典经济假说的特征。但积极意义上考虑,由于规制控制了低技术和高

污染产品的生产过程，客观上也有利于符合国际标准的绿色产品占据更大的市场份额。

表 6-1　私营企业 *GMM* 运算结果

解释变量	模型 1 (1)	模型 2 (2)	模型 3 (3)	模型 4 (4)
log *RD*	−0.196 (−0.84)	−0.043 (−0.26)	0.011 (−0.06)	−0.058 (−0.41)
log *ERS*	−0.334*** (−3.77)	−0.144** (−2.03)	−0.291*** (−3.77)	−0.260*** (−3.58)
log *CP*	−2.174*** (−2.89)	−1.676*** (−2.89)	−1.423*** (−2.85)	0.68 (−0.32)
log *KL*	−0.885** (−2.57)	−1.281*** (−4.96)	−2.862*** (−3.32)	0.058 (−0.05)
log *SI*	1.220*** (−7.28)	1.051*** (−7.65)	0.128 (−0.26)	1.057*** (−8.29)
log *FDI*	0.217** (−2.14)	0.294* (−1.91)	0.292** (−2.27)	0.289** (−2.55)
L.log *ERS*		−0.071 (−0.82)		
log *KLSI*			0.250* (−1.77)	
log *CPKL*				−0.666 (−1.06)
_*CONS*	5.017* (−1.85)	4.473* (−1.89)	9.411** (−2.04)	0.004 (0)
N	231	200	231	231
sargan	301.946	304.337	333.352	334.588
SAR_df	71	70	72	72
N_g	35	35	35	35

注：第一列模型 1 为原模型，第二列模型 2 在原模型的基础上加入环境规制的滞后 1 阶项，第三列模型 3 在原模型的基础上加入资本深化和行业规模的交互项，第四列模型 4 在原模型的基础上加入资本深化和利润水平的交互项。括号内为估计量的 *t* 统计量。***、** 和 * 分别表示在 1%、5% 和 10% 的水平上显著。在四个模型中 *Sargan* 对应的计算结果较大，表明 *GMM* 模型并没有过度识别。四个模型中系数显著结果的正负号一致，模型的稳健性得到保证。

对于其他控制变量的影响效果，成本费用利润率对出口系数在模型1至模型3中均呈现负相关性且非常显著，这是因为中国私营企业处于价值链曲线低端，只能采取低利润的市场竞争策略。行业规模对出口的作用在四个模型中系数为正，在模型1、模型2、模型4均显著。这是由于规模报酬递增效应的影响，行业的规模越大规模效应越明显。*FDI* 在四个模型中系数为正且显著，因为 *FDI* 的技术溢出提高了私营企业的出口竞争力。

在私营企业控制变量的分析中，我们注意到存在显著的交互项。资本深化在三个模型中系数为负，在模型1、模型2、模型3中均显著，并且在模型3中资本深化和行业规模的交互作用对出口的系数为正且显著，这说明在行业规模越大的情况下资本密集度越高，越有利于出口。因为私营企业的优势是基于中国大陆相对廉价的劳动力成本，劳动密集度高的产业具有出口竞争力。但是，随着行业规模的扩大，行业规模报酬的递增效应也相应增强，资本的密集度越高越能增强私营企业的出口竞争力。

在获取私营企业的回归结果，我们运用同样的模型设定来分析在中国经济运行中起到重要作用的外资企业。外资企业对中国经济发展起到了重大的作用，同时在出口贸易中也占据重要地位。

表6-2　外资企业 *GMM* 运算结果

解释变量	模型1 (1)	模型2 (2)	模型3 (3)	模型4 (4)
log *RD*	−0.137 (−1.06)	−0.17 (−1.28)	−0.159 (−1.34)	−0.063 (−0.62)
log *ERS*	−0.165*** (−2.66)	−0.088** (−1.99)	−0.191*** (−2.85)	−0.064 (−1.26)
log *CP*	0.07 (−0.21)	0.236 (−0.82)	0.197 (−0.73)	−2.112*** (−4.21)
log *KL*	−0.627** (−2.15)	−0.682** (−2.54)	−1.478 (−1.57)	−1.795*** (−4.64)
log *SI*	1.157*** (−7.57)	1.219*** (−6.87)	0.636 (−1.15)	1.099*** −6.31
log *FDI*	0.285** (−2.03)	0.281* (−1.82)	0.338** (−2.1)	0.317* (−1.75)
L.log *ERS*		−0.089* (−1.81)		
log *KLSI*			0.123 (−1.09)	

（续表）

解释变量	模型 1 (1)	模型 2 (2)	模型 3 (3)	模型 4 (4)
log *CPKL*				0.482^{***} (−4.5)
_*CONS*	−0.234 (−0.18)	−0.392 (−0.33)	3.13 (−0.93)	3.891^{***} (−3.26)
N	351	315	351	351
sargan	1 096.549	1 008.637	1 048.297	754.616
SAR_df	149	148	150	150
N_g	37	37	37	37

注：第一列模型 1 为原模型，第二列模型 2 在原模型的基础上加入环境规制的滞后 1 阶项，第三列模型 3 在原模型的基础上加入资本深化和行业规模的交互项，第四列模型 4 在原模型的基础上加入资本深化和利润水平的交互项。括号内为估计量的 t 统计量。***、** 和 * 分别表示在 1%、5%和 10%的水平上显著。在四个模型中 Sargan 对应的计算结果较大，表明 GMM 模型并没有过度识别。稳健性分析，四个模型中系数显著结果的正负号一致，模型的稳健性得到保证。

外资部门回归结果如表 6-2 所示，环境规制与出口贸易在模型 1 至模型 3 上均呈现负向的影响，同时在模型 2 中，环境规制的滞后项对出口的系数依然显著为负。上述结果表明，对外资企业而言，环境规制同样削弱了外资企业的出口竞争力。但相比私营企业，我们发现在四个模型中环境规制对外资企业的影响系数要低于私营企业，这意味着环境规制对外资企业的出口份额的负面作用弱于私营企业。这是由于外资企业相对于私营企业具有更高的技术水平和资本密集度，环境规制能引导资金从技术含量低、污染高的出口部门流入到外资出口部门，客观上优化了我国的出口结构并推动了绿色贸易。

对外资企业控制变量的分析中，我们注意到存在显著的交互项。成本费用利润率对出口贸易系数在多数模型中呈正向不显著的关系，这说明外资企业具有更大的利润空间。但在模型 4 中，成本费用利润率与资本深化的交互作用系数显著为正，这是因为资本积累可以为成本利润提高提供资金保障，而成本利润上升又进一步推动资本要素投入量的扩张，但两者都对出口有正向的促进作用。

在考虑到私营企业和外资企业的实证研究结果后，我们来分析具有特色的国有出口部门。中国作为从计划经济体制向市场经济体制转型的国家，现阶段的国有企业总体而言具有资本密集度技术水平双高同时得到政府的技术资金支持等方面的优势，我们同样将国有部门数据带入四个模型中。

表 6-3　国有企业 GMM 运算结果

解释变量	模型 1 (1)	模型 2 (2)	模型 3 (3)	模型 4 (4)
log *RD*	0.444*** (−4.7)	0.451*** (−4.43)	0.440*** (−4.3)	0.445*** (−4.78)
log *ERS*	−0.105* (−1.64)	−0.072* (−1.73)	−0.125* (−1.73)	−0.117* (−1.79)
log *CP*	−0.161 (−1.34)	−0.285*** (−3.06)	−0.253*** (−2.88)	−0.072 (−0.16)
log *KL*	−0.399*** (−2.67)	−0.350** (−2.08)	−1.055 (−1.61)	−0.258 (−1.15)
log *SI*	0.477*** (−4.7)	0.502*** (−5.1)	0.121 (−0.35)	0.512*** (−4.58)
log *FDI*	0.117 (−1.45)	0.097 (−1.17)	0.095 (−1.15)	0.076 (−0.87)
L. log *ERS*		−0.055 (−1.12)		
log *KLSI*			0.099 (−1.18)	
log *CPKL*				−0.051 (−0.39)
_*CONS*	−3.083*** (−2.95)	−3.225*** (−2.66)	−0.517 (−0.21)	−3.563*** (−2.93)
N	329	297	329	329
sargan	757.258	748.599	758.403	745.209
SAR_df	149	148	150	150
N_g	37	37	37	37

注：第一列模型 1 为原模型，第二列模型 2 在原模型的基础上加入环境规制的滞后 1 阶项，第三列模型 3 在原模型的基础上加入资本深化和行业规模的交互项，第四列模型 4 在原模型的基础上加入资本深化和利润水平的交互项。括号内为估计量的 t 统计量。***、** 和 * 分别表示在 1%、5%和 10%的水平上显著。在四个模型中 *Sargan* 对应的计算结果较大，表明 *GMM* 模型并没有过度识别。四个模型中参数估计的结果表现出一致的正负号，模型估计的稳健性得了保证

环境规制对出口的系数负面显著(10%水平)且模型 2 环境规制滞后 1 阶项对出口的系数同样为负，说明环境规制的提高削弱了国有企业的出口竞争力。但是通过和私营企业、外资企业的比较我们发现国有企业在四个模型中，负面效应最小，接近于零。所有制类型的差异发挥了作用，国有企业相对与私营企业而言具有技术优势相对于私营企业和外资企业具有资本密集度的优

势,同样水平的环境规制对国有企业的出口限制作用最小。考虑到国有企业出口商品主要以资本密集型和技术密集型为主,同样水平的环境规制提高了以上商品的出口比重,在这里环境规制再一次表现出对出口结构的优化:提高了资本密集产品和技术密集型产品的出口比重。通过对以上三种企业类型的分析,我们发现环境规制虽然在出口量上起到了负面作用,但对出口结构的优化,提高我国资本密集型和技术密集型产品的出口促进了绿色贸易。

四、基于所有制差异条件下环境规制模型的重要结论

在制度类型的理论框架下,本章对私营、外资和国有三种所有制结构条件下环境规制的战略效果进行了验证。考虑到中国大陆出口量的增加以及国际贸易中贸易保护日益严重,绿色壁垒逐渐成为发达国家对付发展中国家出口贸易的主要工具,本章的主要研究结论具有较强的现实意义:

首先,环境规制在总体上对不同制度类型的出口部门存在着抑制作用,即环境政策通过对贸易量的削减意在控制生产、流通和消费中存在的污染问题,但从博弈策略反应的角度也降低了企业在国际市场中的产品份额。同时,由于中国出口贸易中总体的资源禀赋优势仍然是劳动力密集程度较高的部门,其产品能耗高而附加值偏低,因此环境规制力度的加强会降低该类部门的比较优势,这事实上是通过规制逐渐淘汰高污染产品,达成发达国家环境监测标准的过程,其客观上促进了企业技术创新而推进绿色贸易的发展。

其次,按照制度分类的结构上考察,环境规制对私有部门产生了更强的出口抑制作用,而对国有制度类型和外资类型的出口部门抑制程度较小。其背后的经济学逻辑应为,后者的资本、劳动力及出口附加值比例均相对较高,其环保减污的能力较强且产品质量标准更加符合国际规范,因而环境规制对其影响较小;相反,私有制度类型的出口部门多属于劳动密集型、低技术含量的企业,其污染排放的比例相对较高,其受到规制冲击的力度也相对较大。但是,这从另一个方面对我国私有部门出口提出了更高的环境需求,并且逐渐达成对出口贸易中高技术、高质量产品的认同,也有利于绿色贸易的发展。

再次,在三种所有制结构下,环境规制滞后一期的变量对当期出口额均存在负面影响,其力度略小于当前期解释变量的冲击。

最后，在对控制变量的分析中，三种企业类型条件下 FDI 和行业规模对出口竞争力都形成促进作用，分别体现了技术溢出效应和规模报酬递增效应。成本费用利润率和资本深化对出口竞争力则为负面作用，即我国当前对外贸易依然处于价值链较低部分并且依靠廉价劳动力的阶段。R & D 投入在国有企业出口类型中与出口额之间表现为正相关性，但在另外两类企业体现为负相关性，这体现了我国对国有企业可能存在着较多的补贴和支持。此外，外资企业中成本费用利润率和资本深化的交互作用呈正向显著，反映了外资企业处于价值链高端，高附加值和高资本密集产品有相互促进的作用。私营企业中行业规模和资本深化的交互作用正向显著，反映了私营企业的规模报酬递增效应更为明显，私营企业在规模越大的情况下，通过提高资本密集度获得出口竞争力的优势。

研究中不足的部分是我们数据的不可得性，我们只能利用行业整体的研发投入和环境规制来替代分所有制类型的数据从而可能出现结果的偏误，需要后续研究来修正。

第七章

环境规制与技术创新产出绩效

一、环境规制技术创新绩效的理论假说

随着环境污染问题的日益加剧和人类保护环境的意识逐渐加强，从20世纪70年代开始，各国政府先后采取各种规制手段来限制污染物的排放以达到保护环境的目的。环境规制是否会影响技术创新、企业生产率、利润率、产业国际竞争力等问题开始受到了国际学术界的高度关注。1978年，Magat提出技术创新在权衡环境保护绩效与产业经济绩效中起着关键作用。Richard Kneller和Edward Manderson(2012)指出技术创新在环境规制对生产率、利润率、国际竞争力作用机制中扮演着基础而又至关重要的角色。环境规制能够促进技术创新吗？从前期的研究中可以发现主要存在两类观点，一类是“传统观点”，另一类是“波特假说”。经济学家基于新古典经济学理论提出了传统观点，认为环境规制是强加于企业的额外成本，可能挤占企业的创新投入，不利于产业的技术创新并会降低产业的竞争力。然而，传统新古典经济学理论框架受到了波特等人的挑战，波特(Michael Porter)1991年提出“波特假说”并阐明合理的环境规制强度能够提升国家竞争力的观点。他认为传统观点是从静态角度出发，在给定企业的技术水平、生产过程、消费需求不发生变化的情况下，衡量环境规制所产生的成本和收益。在这种情况下，环境规制不可避免地增加了企业的生产成本，降低了企业的竞争力。“波特假说”从动态的角度分析了环境规制对企业竞争力的影响，认为环境规制帮助企业克服了组织惰性，促使企业创新，产生“创新补偿”。

研究者基于不同的假设、研究方法、样本及变量得出了不同的结论，新古典经济理论假说在实证研究中均得到了一定的验证。Denison(1981)分析了美国环境规制对生产率的影响，研究发现1972—1975年间环境规制导致美国16%的生产率下降。Gollop和Robert(1983)分析了美国二氧化硫排放限制政策对以煤炭为原料的电力产业生产率增长的影响，结果表明，环境规制导致1973—1979年之间56家电力企业全要素生产率增长每年下降0.59%。Gray和Shadbegian(2005)使用1979—1990年的数据考察了美国造纸业、钢铁产业和石油产业的环境规制强度对其生产率的影响。实证结果显示，环境规制力度与生产率显著地负相关，同时作者也分析了产业内部的异质性，研究发现污染治理成本对不同行业生产率的影响程度没有显著不同。

波特假说提出后，环境规制对技术创新的影响引起了学者们的极大兴趣，围绕波特假说展开了大量的实证研究。其中，污染支出与专利数的正相关关系在 Lanjouw 和 Mody（1996），Brunnermeier 和 Cohen（2003），Johnstone（2010）的研究中得到了支持。很多研究者不拘泥于基本理论的验证，在所选择行业存在异质性及时间样本数据存在动态特征的条件下形成了更为丰富的研究结论。Jaffe 和 Palmer（1997）使用美国制造业部门的面板数据来分析环境规制对产业技术创新的影响。研究结论发现，环境规制力度与 R & D 支出显著的正相关，滞后一期的污染治理支出每增加 1%，R & D 支出增加 0.15%，然而，滞后一期的污染治理支出与成功申请的专利数量之间并无显著的相关性。Brunnermeier 和 Cohen（2003）运用 1983—1992 年美国 146 个制造业部门的面板数据，分析了环境规制与产业技术创新之间的关系。实证结果显示，污染治理成本的增加与环境专利间存在较小的但统计显著的正相关关系，污染治理成本每增加一百万美元，环境专利增加 0.04%。但环境规制机构对企业排污的监督、检查次数对技术创新的影响不显著。Mody（1996）使用美、日、德三国 20 世纪 70、80 年代的企业环境专利数量和污染治理支出数据，研究污染治理支出和环境专利数量之间的关系，研究结果表明，环境专利数量与污染治理支出之间存在正相关性。随着污染治理支出的增加，环境专利数量也相应增加，但是技术创新对环境规制的反应有 1～2 年的滞后期。环境规制对环境技术创新有正向的刺激作用，对总体技术创新是显著的负向影响。Richard Kneller 和 Edward Manderson（2012）运用英国制造业部门 2000—2006 年的数据，采用动态模型并用 GMM 回归方法验证了环境规制对技术创新的影响，实证结果表明，严格的环境规制刺激环境 R & D 和环境资本的投入，环境规制每提高 1%，环境 R & D 投入增加 0.049%，环境资本的积累增加 0.335%，但是环境规制对总的 R & D 投入和总资本投入没有正向的影响，环境规制每提高 1%，总的 R & D 投入下降 0.752%，总资本下降 0.812%。可见，环境规制对环境技术创新有正向的刺激作用，但对总体技术创新是显著的负向影响。

目前，有关环境规制对产业技术创新绩效影响的实证研究主要集中于美、日、德、英等一些发达国家，这些结论是否只在发达国家成立？对发展中国家是否也成立呢？国内关于环境规制对技术创新影响的研究主要聚集在对区域影响的文献中（解垩，2008；王兵、吴延瑞和颜鹏飞，2008；王鹏和郭永芹，2013），仅少量学者对产业进行了研究，然而，这些对产业的研究也基本局限在对火电、造纸产业（周小玲和王雪梅，2009；白雪洁和宋莹，2009；张各兴和夏大慰，2011）。仅有赵红（2008）运用中国标准产业分类中 18 个两位数产业 1996 年到 2004 年的面板数据，实证分析了环境规制对中国产业技术创新的影响。

研究表明，环境规制对即期的 R&D 支出和专利申请数量影响不显著，然而对滞后 3 期的 R&D 支出和专利申请数量有显著的正效应，这表明环境规制在中长期对技术创新有一定的促进作用。

中国是制造大国，传统的制造模式中效率低耗能高，在为社会创造财富的同时，也加速了环境的恶化。作为最早把环境保护作为基本国策的发展中国家之一，环境规制在解决环境问题的同时在一定程度上刺激新技术的形成及扩散，进而实现环境和经济的"双赢"，达到经济效益、社会效益和生态效益的统一，在过去几十年里一直是学者和政策制定者关注的重要问题。本书借鉴国内、外学者的研究模型（Jaffe 和 Palmer，1997；Brunnermeier 和 Cohen，2003；赵红，2008）试图验证以下问题：环境规制是否能促进我国的产业技术创新？对技术创新的各种产出绩效的影响程度是否一致？环境规制对不同产业技术创新的影响是否具有差异性？对上述问题的回答有助于我国对不同的产业制定合理的环境规制力度，推动我国产业的升级和转型。本书的主要贡献如下：其一，从理论的角度分析环境规制对技术创新的作用机理；其二，将技术创新产出绩效分解为创新的知识产出绩效、经济产出绩效和环境产出绩效分别进行研究，分析了环境规制对技术创新和对治污技术创新影响的差异。其三，根据污染程度不同，将制造业部门分成污染产业和清洁产业，根据资本劳动比值，将制造业部门分成资本密集型产业和劳动密集型产业，分析不同产业环境规制强度对技术创新影响的差异。

二、环境规制对技术创新影响的机理

（一）基于波特假说的影响机理

从短期来看，环境规制必然会增加企业的生产成本。一方面，迫使企业购买新的生产设备和污染控制设备，培养企业员工对新的生产设备和污染控制设备的学习和使用；另一方面，企业可能要为环境污染支付污染治理的费用。这些费用都是企业的非生产性支出，企业为了遵从环境规制进行的污染预控投资和污染治理投资，都必然会挤占企业的生产性投资，在资源一定的情况下，尤其是中小企业，可能会减少 R&D 的支出，这样会阻碍企业的技术创新。

从长期动态的角度来看，这种生产成本的增加必然成为企业技术创新的动力。企业为了降低和规避环境规制的影响，会主动采用清洁的生产过程或者采取产品创新的方式去提高资源的利用率，从而降低了污染物的排放率。一方面，污染物排放的减少使得企业原材料的利用率提高，降低了企业的生产成本；另一方面，产品的创新为企业提供超额收益和核心竞争力。因此，环境规制有利于企业的技术创新。

由环境规制引发的创新可以分为两类，第一类是治污技术创新，是指企业在污染发生时，在应对经验、处理方法和处理技术等方面的提高，包括对废水、废气、废渣的处理、转化和再利用，以减少污染物的排放，达到保护环境的目的。第二类是企业技术创新，是指企业为了到达政府环境规制的标准，在解决环境问题的同时，对涉及产品和产品生产过程的相关工艺进行改进，在某种情况下，这种创新能够使企业减少能源的消耗、提高资源的生产效率、加大清洁原材料的使用、降低污染物的排放，生产出更加清洁和绿色的产品。上述机理可由图 7-1 所示。

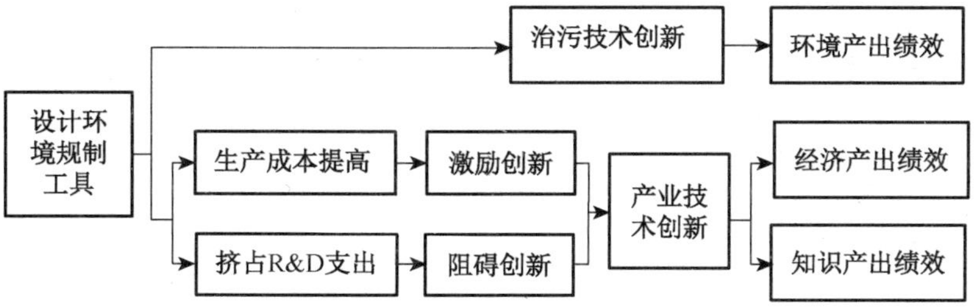

图 7-1　波特范式理论逻辑示意图

（二）基于 S—C—P 分析范式的影响机理

S—C—P 分析范式是哈佛大学学者贝恩（J. S. Bain）、梅森（E. S. Mason）等创立的产业组织分析理论的基本框架，其理论逻辑示意图见图 7-2。该分析范式提供了一个既能深入具体环节，又能把握全局（系统化、结构化分析）的产业分析范式，即为市场结构（Structure）——市场行为（Conduct）——市场绩效（Performance）的 S—C—P 分析框架。S—C—P 分析范式的基本涵义为：当行业或者企业在受到外界冲击时，会改变行业的市场结构，市场结构决定市场行为，因此，企业可能产生相应的行动，而市场行为又会产生新的市场绩效产出。根据 S—C—P 分析范式来研究环境规制对技术创新的间接影响，即环境规制为一外界冲击，它改变了产业的结构（例如进入、退出壁垒、行业内企业的个数与规模等），引起产业集中度的变化，刺激一系列的产业行为的产生，这一系列的行为中包括了产品的创新、工艺的改进、治污技术的进步等。

恰当设计的环境规制工具不仅仅可以直接激励技术创新，它还可能作用于产业结构，来刺激创新行为的产生。张成和于同申（2012）运用我国工业部门1996—2006年的面板数据研究了环境规制对产业集中度的影响，指出在不考虑其他控制变量时，环境规制变量对产业集中产生不显著的正向促进作用，但随着控制变量的逐渐引入，环境规制形成的显著水平逐渐提高。

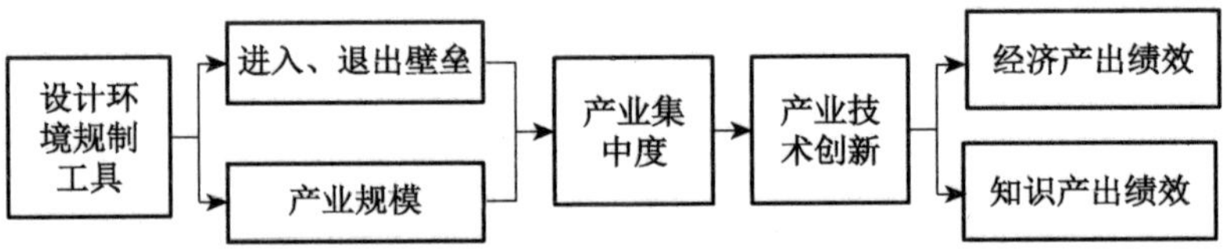

图7-2 S—C—P范式理论逻辑示意图

三、实证模型构造与数据来源

（一）模型构造

在前期理论模型分析的基础上，本书借鉴国内、外学者的研究思路（Jaffe和Palmer，1997；Brunnermeier和Cohen，2003；赵红，2008）构建了一组新的计量研究模型。该模型建立的目的在于考察环境规制对产业技术创新的影响，因此产业技术创新是被解释变量，环境规制强度是解释变量。考虑到环境规制对技术创新的影响可能是双重的，本模型引入环境规制的二次项。因为环境规制一方面刺激创新，产生"创新补偿"；另一方面遵从环境规制的"遵从成本"可能会挤占创新投入。环境规制对创新绩效影响的结果取决于"创新补偿"效益和"遵从成本"损失的综合结果。更为重要的是，技术创新本身所需的时间相对较长，这就决定了环境规制的"创新补偿"产生的正面效应滞后于"遵从成本"产生的负面效应。因此，在短期，特定的环境规制强度可能会降低企业的技术创新，但是在中长期，随着环境规制的加强则可能提高企业的技术创新，而二次项的引入则可以考虑在较长时间内环境规制对技术创新绩效的影响。

由于对技术创新的影响因素很多，本模型还加入了一些控制变量。首先，R&D经费是技术创新的重要影响因素；其次，根据产业组织理论，行业结构及规模对技术创新绩效会有影响，同时，环境规制可能通过改变企业的集中度来影响技术创新（S—C—P分析范式）。此外，出口依存度、外商直接投资也会对产业技术创新产生较大的影响[①]。综上所述，本书将 R & D 经费、行业结构、行业规模、行业集中度、出口依存度和外商直接投资（FDI）作为控制变量。

具体设立如下模型：

模型一：环境规制对技术创新的知识产出绩效的影响

$$P_{it} = \alpha + \beta_1(ERI_{it}) + \beta_2(ERI_{it}^{\ 2}) + \beta_3(IS_{it}) + \beta_4(S_{it}) + \beta_5(HF_{it}) + \beta_6(EI_{it}) + \beta_7(FDI_{it}) + \beta_8(R\&D_{it}) + \varepsilon_{it} \tag{7-1}$$

其中，P_{it} 表示技术创新知识产出绩效，ERI_{it} 表示环境规制强度，IS_{it} 表示行业的结构，S_{it} 表示行业规模，HF_{it} 表示行业集中度，EI_{it} 表示出口依存度，FDI_{it} 表示外商直接投资，$R\&D_{it}$ 表示研发投入，i 表示行业，t 表示时间，ε_{it} 表示随机扰动项。

模型二：环境规制对技术创新的经济产出绩效的影响

$$NPR_{it} = \alpha + \beta_1(ERI_{it}) + \beta_2(ERI_{it}^{\ 2}) + \beta_3(IS_{it}) + \beta_4(S_{it}) + \beta_5(HF_{it}) + \beta_6(EI_{it}) + \beta_7(FDI_{it}) + \beta_8(R\&D_{it}) + \varepsilon_{it} \tag{7-2}$$

其中，NPR_{it} 表示创新的经济产出绩效。

模型三：环境规制对环境技术创新绩效的影响

$$EP_{it} = \alpha + \beta_1(ERI_{it}) + \beta_2(ERI_{it}^{\ 2}) + \beta_3(IS_{it}) + \beta_4(S_{it}) + \beta_5(HF_{it}) + \beta_6(EI_{it}) + \beta_7(FDI_{it}) + \beta_8(R\&D_{it}) + \varepsilon_{it} \tag{7-3}$$

其中，EP_{it} 表示创新的环境产出绩效，即治污技术创新。

（二）变量说明

本书研究环境规制对制造业产业技术创新绩效的影响，技术创新产出为被解释变量。本书从技术创新知识产出绩效、经济产出绩效和环境产出绩效三个方面来实证其对环境规制强度的反应。

技术创新的知识产出绩效（专利申请数量）：学者们对于衡量技术创新的指标存在着一些差异，具有代表性的常用指标分别是 R&D 支出、专利申请数量及专利授权数量。本书借鉴过往学者的研究，通过综合考虑，采用专利申请数量来衡量技术创新的知识产出绩效。

---

① 孙林和徐旭霏（2011）指出中国制造业创造了 GDP 总量的 1/3，中国制造业出口占全国外贸出口的 91.2%，接纳外商实际直接投资额约占全部外商投资额的 70%。

技术创新的经济产出绩效(新产品销售收入/产品销售总收入):我们采用新产品的销售收入占当年产品销售总收入的比重来衡量技术创新的经济产出绩效。

技术创新的环境产出绩效(三废综合利用总产值):我们用治污技术创新的经济产出绩效即三废综合利用总产值来衡量技术创新的环境产出绩效。

研发投入:R & D 经费支出。

控制变量组是基于产业组织理论添加的控制变量,包括:行业结构、行业规模和产业集中度。

行业结构(行业固定资产净值/行业从业人数):资本劳动密集程度体现行业的进出入壁垒,行业壁垒会影响技术创新。

行业规模(工业总产值):行业的生产规模会影响到产业的技术创新能力和水平,产业规模越大,可能有更多的经费和能力从事技术创新活动。

行业集中度(行业前四大公司的主营业务收入/行业主营业务收入):市场结构可能会影响技术创新,适中的行业集中度有利于企业技术创新。行业前四大公司的主营业务收入的数据采用的是行业前 4 大上市公司的数据。

(三) 环境规制变量的测度与衡量

本章的解释变量为环境规制。环境规制力度的衡量方法一直是环境规制方面相关实证研究的难点,不同的学者根据研究的需要从不同的角度采用不同的衡量方法。在环境规制强度衡量方法中有直接衡量法和间接衡量法。直接衡量法有污染治理支出、排污收费、政府监督检查频率(Brunnermeier & Cohen,2003)等;间接衡量法有赋值法(Eliste & Fredriksson, 2001)、李绍华和蒋冰冰,2009)、指数法(Matthew A. Cole, Robert J. R. Elliott 和 Toshi Okubo, 2010)、排序法(Matthew A. Cole 和 Robert J. R. Elliott, 2003)、耗能测度法、虚拟变量法(顾国达等, 2007)、内生变量法(陆旸, 2009)、限量法(Otsuki, 2001)、综合衡量方法(赵细康, 2003;傅京燕,2010)等。在国外的研究中,最常用于衡量环境规制强度的指标为污染治理支出(Lanjouw 和 Mody,1996; Jaffe 和 Palmer, 1997; Brunnermeier 和 Cohen, 2003);在国内的研究中,最常用于衡量环境规制强度的指标为污染治理项目完成投资额,然而,该项指标仅统计了区域数据,未统计行业数据。而在行业研究方面,赵红(2008)研究行业环境规制时采用污染治理运行成本来衡量环境规制强度(环境规制强度=(污染治理运行成本/工业生产总值)×1 000),污染治理运行成本为废水和废气污染治理设施当年运行费用之和。

在本章中对环境规制强度的衡量采用排序指标和综合指标。

（四）数据来源

过往国内学者通常对单个工业行业进行实证研究（如造纸、火电行业），然而制造业是我国国民经济的命脉，也是受环境规制影响较大的行业，故本书选择制造业数据进行相关研究。本书样本来源于中国制造业的27个行业（按照《国民经济行业分类标准》划分，制造业本应有30个行业，但是基于数据的可得性剔除了烟草行业、工艺品及其他制造业、废弃资源回收加工业三个行业）。在各个途径搜集数据的过程中，这三个行业的数据缺失严重，可能会影响结果的真实性，所以进行了剔除。

本书数据是中国制造业产业27个子行业的2001—2010年的统计数据。数据来源于《中国统计年鉴》《中国工业统计年鉴》《中国科技统计年鉴》《中国环境统计年鉴》以及中经数据网数据库和Wind数据库。其中，专利申请数量、新产品销售收入、产品销售收入、R & D费用支出的数据来自于《中国科技统计年鉴》中的大中型企业的专利申请数量、新产品销售收入、产品销售收入。三废综合利用总产值的数据来自于《中国统计年鉴》以及中经网数据库。大中型企业工业生产总值来自于《中国统计年鉴》以及中经网数据库。环境污染数据来自于《中国统计年鉴》《中国环境统计年鉴》以及中经网数据库。出口交货值、FDI的数据来自于《中国工业统计年鉴》。行业固定资产净值、行业从业人数、行业前四大公司的主营业务收入的数据来自于中经网数据库和Wind数据库。

四、环境规制与技术创新产出绩效的实证分析

本节将对前文的三个模型（7-1，7-2，7-3）分别进行实证研究，运用SAS统计分析软件，对中国制造业27个子行业2001—2010年的数据进行SYS GMM估计，并基于GMM回归的结果分析环境规制对技术创新的知识产出绩效、经济产出绩效和环境产出绩效（治污技术创新）的影响，以及进一步分析不同类型行业之间的差异性。

由于环境规制对技术创新具有一定的动态性，我们在模型中逐渐加入了环境规制强度的二次项来考察环境规制对技术创新的中长期影响，回归结果表中的*ERI*11和*ERI*22分别表示*ERI*1和*ERI*2的平方。为了考察回归模

型稳健性，本章分别采用了两组反映环境规制强度的数据（*ERI*1 和 *ERI*2），由于 *ERI*2 为综合指标，*ERI*1 为排序指标，由排序算法可知，该数据的时间序列层面变化较小，仅截面数据能很好体现行业规制强度的差异。因此，在本节的回归结果分析中，我们以 *ERI*2 为主要分析对象，*ERI*1 为稳健性分析。

为了准确分析环境规制对技术创新绩效产生的动态效应，将传统的静态面板数据模型扩展为动态面板数据模型，即在解释变量中加入了被解释变量的一阶滞后项。为了解决动态面板数据中常见的两类问题（一是很难发现特殊个体效应，二是内生性问题），我们采用 GMM 估计方法克服这两类问题，将 *ERI* 和 *RD* 作为内生变量，被解释变量的一阶滞后项作为先决变量，其他变量为外生变量。GMM 参数估计的有效性依赖于被解释变量的一阶滞后项作为先决变量是否有效。在本书中，我们采用 Sargan 检验来识别先决变量的有效性，由表 7-2～表 7-5 的 Sargan 检验结果，我们可以看出所有模型都通过了过度识别检验。

（一）环境规制对制造业产业技术创新绩效的影响结果分析

表 7-1 至表 4 中(1)-(4)列是对模型 1 的回归结果，表 7－1 至表7－4 中(5)-(8)列是对模型 2 的回归结果，表 7-1～表 7-3 和表 7－4 中(9)-(12)列是对模型 3 的回归结果①。

1. 环境规制对知识产出绩效的影响

从表 7-1 中(1)-(4)列的回归结果来分析环境规制对专利申请数量的影响，在不考虑二次项的条件下，环境规制效果不太显著。考虑二次项后，回归效果有所改善，从第(4)列我们可以看出环境规制强度的一次项回归系数为负数，然而环境规制的二次项系数为正数，说明环境规制与专利的申请数量呈“U 型”关系，该结论在张成和陆旸等(2011)的研究中得到过验证。在“U 型”拐点的左边，环境规制加强阻碍产业的技术创新；在“U 型”拐点的右边，环境规制加强促进产业的技术创新。从第(4)列数据我们可以得出“U 型”的拐点为 4.125，而目前我国的环境规制强度在 2.07 左右（2010 年环境规制均值），处于“U 型”的拐点左边，这是由于目前我国制造业尚处于“微笑曲线”的最低端，企业的利润较低且资金不充足，环境规制挤占企业生产性支出，不利于产业技术创新。

---

① 第(1)至第(4)列分别考虑 *ERI*1、*ERI*2 及设置(未设置)二次项 *ERI*11、*ERI*22 条件下共 4 个模型，在第(5)至(8)列及第(9)至(12)列中的模型与此相同。

从短期来看，一方面，政府环境规制的加强必然会增高企业的生产成本，企业可能会拿出更多资金去治理环境污染，这些资金可能会挤占本用于企业的研发资金，因为研发结果具有的不确定性，企业为了控制成本，可能会减少研发的投入力度和预算水平，从而不利于企业的技术创新；另一方面，企业为了达到政府的环境规制水平，尤其是中国现阶段的环境规制工具多为命令控制型工具(技术标准、排放标准)，企业为了达到该规制标准必须进行环境技术创新，这是因为相对于生产技术创新而言，环境技术创新针对性更强、达到标准需要的时间更短、投入也较少，同时，我国目前的环境规制强度还较低，通过治污技术创新能较好地规避环境规制的成本，这也符合本书环境规制加强明显改进了治污技术创新这一结论，环境技术创新的投入必然也会挤占一部分技术创新的投入，不利于企业的技术创新。

从中长期观察，随着企业环境规制的加强，环境技术创新的边际效应递减以及经济增长等因素共同作用下，我国制造业会逐步进入“U 型”拐点的右边，技术创新的知识产出绩效会随着环境规制的加强而增长。一方面，环境规制的加强，人们环保意识开始增强，清洁产品更容易受到消费者的青睐，进行技术创新的企业能够获得更大市场份额和更多的利润，有利于技术创新；另一方面，环境技术创新的边际效益递减，环境技术创新很难弥补愈来愈强的环境规制带来的“遵从成本”，企业为了遵从越来越强的环境规制，必须进行技术创新，创新产品和改进生产的过程。因此，随着环境规制在远期的加强，环境规制对技术创新具有激励作用。

综上所述，目前我国制造业处于“U 型”拐点的左边，短期内环境规制的增强不利于技术创新，随着时间周期的拓展，环境规制措施会激励企业进行技术的创新，在短期和中长期共同影响下，环境规制与技术创新的知识产出绩效成“U 型”关系。不过，环境规制是“一门艺术”，它对技术创新的作用效果不仅仅取决于环境规制的强度，同时也取决于政策工具的类型，正如波特所说，合理而恰当设计的环境规制能够刺激企业的技术创新。我们需要注意环境规制工具的选择，不合适的规制工具可能会推迟“U 型”拐点的出现和减弱拐点右边的上升趋势。

此外，R&D 的支出对产业的技术创新有显著的促进作用，符合本书的研究预期。行业结构对技术创新的经济产出绩效有显著的负向影响，与 S—C—P 范式的理论假说不吻合，这主要是因为目前我国的产业大多为劳动密集型产业。

2. 环境规制对经济产出绩效的影响

从表 7-1 第(8)列中的数据我们可以看出，环境规制对技术创新的经济产出绩效的“U 型”关系并不显著，然而在第(7)列中，环境规制对技术创新的经济产出绩效有显著的负向影响，环境规制强度每提高 1%，经济产出绩效下降 0.001%。这是因为环境规制加强，不仅可能挤占了产品的研发费用，不利于新产品的推出，同时，还可能挤占了企业的新产品推广费用，不利于新产品得到消费者的认可，所以新产品的销售占比会下降，因此短期而言，对经济产出绩效有显著的负向影响。环境规制对技术创新的经济产出绩效的“U 型”关系并不显著，这是因为从新产品的研发成功到新产品的大批量生产再到新产品得到市场认可需要较长的时间，同时，各环节的不确定因素较多。

此外，R & D 的支出对产业的技术创新有显著的促进作用，符合本书的研究预期。行业规模对技术创新的经济产出绩效有显著的负向影响，这与研究的预期不符，可能是由于规模大的产业，产品销售收入的增速超过了新产品的销售收入增速。

3. 环境规制对环境产出绩效的影响

环境规制对环境技术创新的影响见表 7-1 中第(9)-(12)列，从(12)列我们可以看出环境规制对环境技术创新的影响并不是“U 型”关系，而是“倒 U 型”关系。这是因为目前我国环境规制强度还较弱，从短期考虑，企业为了规避环境规制的影响，会加强治污技术创新，以达到政府的规制水平，弥补环境规制的“遵从成本”；从长期考虑，随着政府环境规制的加强，“遵从成本”越来越高，企业很难单纯依靠治污技术创新来规避“遵从成本”，同时，治污技术创新的边际绩效递减，企业为了规避环境规制带来的成本，会通过进行生产技术创新，生产出更具有市场吸引力的清洁环保产品、改进生产过程降低原材料损耗等途径来弥补环境规制带来的“遵从成本”。基于这两方面的原因，环境规制强度与治污技术创新呈“倒 U 型”关系。根据表 7-1 的(12)列的计算可知，“倒 U 型”关系的拐点为 9.96，目前我国的环境规制强度在 2.07 左右(2010 年环境规制均值)，离拐点还有相当长的一段距离，所以在未来较长一段时间内，环境规制仍将刺激治污技术的创新，只是刺激程度会逐渐减弱。

从表 7-1 的(11)列，我们可以看出环境规制对治污技术创新存在显著的正向影响。环境规制强度每提高 1%，“三废”综合利用总产值提高0.248%。环境规制显著地提高了治污技术的创新。Hamamoto(2006)、Lanjouw 和 Mody(1996)在他们的研究中也证实了环境规制对环境技术创新有显著的刺激作用。

此外，行业规模、行业结构、行业集中度、*FDI* 对治污技术的创新有正向的显著刺激作用，符合本书研究的 S—C—P 理论范式预期。

(二) 清洁产业与污染产业对比的实证结果

按照 CH 值的大小将制造业分成清洁产业和污染产业①。CH 值的具体计算方法如下：

$$CH = \frac{1}{10}\sum_{t=1}^{10}\left(\sum_{j=1}^{5} D_{ijt}/GP_i\right) \tag{8}$$

其中，D_{ijt} 表示单项指标中污染物排放量。i 代表 27 个产业，j 代表 5 种的污染物（二氧化硫排放量、粉尘排放量、烟尘排放量、废水排放量和固体污染物排放量），t 代表 2001—2010 年，GP_i 代表第 i 个行业工业总产值。

从表 7-2 和表 7-3 第(3)列我们可以看出，环境规制对污染密集型产业的技术创新有显著的正向刺激作用，而清洁产业并没有得到类似的结果。这是因为污染密集型行业的环境规制强度比清洁行业的环境规制强度要大得多。环境规制对清洁行业的影响较小，环境规制对清洁行业造成的“遵从成本”只占清洁产业的生产成本的小部分，企业可以通过直接付费、治污技术创新等途径来遵从环境规制，因此，对清洁产业的技术创新的知识产出绩效没有显著的刺激作用；然而，对于污染产业环境规制的强度较大，企业要达到政府的环境规制标准，需要付出较大成本代价，仅仅依靠直接付费、治污技术创新等途径很难在市场中具有竞争力，企业必须通过生产技术的创新给企业带来更大的市场份额和更多的利润。这些利润才能弥补遵从环境规制带来的“遵从成本”。

根据表 7-2 和表 7-3 第(4)列，我们可以看出污染产业的环境规制与技术创新呈“U 型”关系，而清洁产业并不显著。这说明清洁行业，无论从短期来看还是从中长期来看，环境规制对技术创新的影响都十分有限。而污染产业，从中长期来看，环境规制对生产技术创新也有正向的刺激作用。

基于表 7-2 和表 7-3 第(11)和(12)列的结果，我们可以看出，无论是清洁产业还是污染产业，环境规制对治污技术创新都有显著的正向刺激作用，而清洁产业，环境规制对治污技术创新的刺激作用更大。

综上所述，从技术创新的角度来看，无论是短期还是中长期，“污染产业”的环境规制强度均对技术创新有显著的正向促进作用，而对于清洁产业来说，无论是短期还是中长期，环境规制对技术创新均无明显的刺激作用。从治污产出绩效而言，环境规制强度对两大产业均有显著促进作用，但清洁行业的促进作用更大。

---

① 按照 CH 值取中位数后，分解为 CH 值较高的重污染组和 CH 值较低的轻污染组。

（三）资本密集型产业与劳动密集型产业对比的实证结果

根据行业结构(行业固定资产净值/行业从业人数)将行业划分为资本密集型和劳动力密集型[①]。在表 7-4 和表 7-5 的第(3)列中,我们可以发现环境规制对劳动密集型企业技术创新的知识产出绩效的影响结果不显著,而对资本密集型行业的技术创新的知识产出绩效有显著的正向影响。这是因为资本密集型企业的资本雄厚,政府的环境规制虽然会增加他们的生产成本,但由于大多资本密集型企业技术创新能力是其核心竞争力,并且企业的资本雄厚,一般不会挤占企业的技术创新的投入,相反,资本密集型企业为了规避政府环境规制对企业带来的成本,可能会加大技术创新的力度,因为技术创新是这类企业的“灵魂”,是他们擅长的活动。从第(4)列,我们可以看出,资本密集型企业,环境规制对企业生产技术创新仍然呈“U 型”关系,这和制造业和污染密集型产业的结果类似。而劳动密集型企业和轻污染行业类似,结果不显著。

根据表 7-4 和表 7-5 第(11)列和(12)列模型可知,环境规制对资本密集型行业和劳动密集型行业的治污技术创新都有正向的影响,且对劳动密集型行业的正向影响更大。这是由于劳动密集型行业的利润较低,企业的资金有限,企业降低环境规制带来的负面影响,会采取最直接、效果最显著的治污技术创新。

五、研究结论与政策建议

近年来,随着中国工业化进程的加快和中国经济的高速增长,环境污染问题却日益严重,如何合理有效地解决环境恶化的问题,既能有效地保护环境,又能促进我国经济的发展,最终达到“双赢”的效果,技术创新在其中扮演着基础且至关重要的作用。我们依据本章的重要研究结论对我国环境保护与技术创新提出相应的政策建议。

(1) 整体上提高环境规制的力度有助于技术进步与经济发展。

本章的实证研究结果表明,环境规制的加强对治污技术创新有显著的促进作用,说明环境规制的加强有利于环境产出绩效并达成了环境保护的目的,该结果和 Richard Kneller 和 Edward Manderson(2012)的结论非常近似。其

① 按照行业结构参数取中位数后,分解为该值较高的资本密集型组和该值较低的劳动力密集型组。

次，环境规制强度与专利申请数量呈“U型”关系，从短期来看环境规制不利于生产技术创新，也不利于经济的发展，但就中长期而言，环境规制将促进生产技术创新并产生创新绩效，有利于经济的发展。由此可见，政府在实施环境政策的过程中会形成双重效果，一方面控制了企业为了短期经济利益而损害生态环境的动机，同时，环境规制保护终究会触发企业生产技术的创新，这是发展中国家必须经历的过程，随着经济的发展和环境规制的成熟，最终将会走上可持续发展的道路。

(2) 根据环境规制效果在产业间的异质性设计柔性的规制措施。

实证结果表明，由于企业的污染控制能力和要素密集类型不同，环境规制对污染密集型行业和资本密集型行业的技术创新知识产出绩效已有了一定的正向激励作用，而资本密集型行业与清洁行业由于已经拥有较好的生产条件和减污能力，环境规制提升了其生产成本反而形成了对创新资金的替代性。因此，政府在考虑环境规制带来技术创新补偿的同时，需要考虑环境规制对企业形成的成本，并在两者间寻求合理的平衡点，不能单方面强调加大环境规制的力度，而对不同产业的环境规制强度应有所不同，这样也有利于节省政府的环境管理成本。而且，由于环境规制与环境产出绩效之间呈现“倒U型”，该结果也指出环境规制的边际贡献是递减的，前期的规制可能对减污能力和环境保护有明显的改善能力，但后期的影响就逐渐下降。因此，一个弹性的制度构架不但可以保护区域环境质量，同时可以引导资金提升产业升级的步伐，促使产业从劳动密集型向资本密集型，从污染产业向高附加值的环保产业转型。

(3) 完善环境政策体系，合理选择环境规制工具，提高技术创新的质量。

由于实证结果中发现，环境规制与企业的生产技术创新呈“U型”关系。这具体体现为当前行政指令型的环境规制工具仅对治污技术创新有较好的促进作用，对生产技术创新的影响却不明显，这也是S—C—P范式理论假说效果验证不显著的原因。政府要想加速“U型”曲线拐点的到来，就需要完善环境政策体系，设计出更多灵活的环境规制工具(如经济激励性环境规制工具)，这些工具需要留存给企业更大的选择空间，这样企业可以自主选择创新产品的范围，同时将资金引入环境质量高的项目，从而提升技术创新中产品的品质。这样，从总体的经济发展模式思考，环境规制将促成外向型能耗型经济模式向内涵型技术型经济模式的演变。

表 7-1　制造业产业环境规制对技术创新的回归结果表

解释变量	log *P* (1)	log *P* (2)	log *P* (3)	log *P* (4)	*NPR* (5)	*NPR* (6)	*NPR* (7)	*NPR* (8)	log *EP* (9)	log *EP* (10)	log *EP* (11)	log *EP* (12)
L.log *P*	0.802*** (25.59)	0.801*** (25.65)	0.809*** (25.29)	0.802*** (25.58)								
L.*NPR*					0.807*** (15.29)	0.797*** (15.16)	0.805*** (17.42)	0.796*** (15.58)				
L.log *EP*									0.348*** (4.66)	0.355*** (4.77)	0.323*** (4.04)	0.306*** (4.21)
*ERI*1	−0.120 (−1.28)	0.139 (0.51)			−0.010 (−1.15)	0.027 (1.43)			1.870*** (5.63)	1.072 (1.07)		
*ERI*11		−0.259 (−0.94)				−0.035** (−2.00)				0.828 (0.83)		
*ERI*2			−0.003 (−0.22)	−0.033* (−1.76)			−0.001** (−2.44)	−0.003 (−1.62)			0.248*** (4.64)	0.538*** (5.44)
*ERI*22				0.004*** (2.78)				0.000 (1.04)				−0.027*** (−4.00)
log *RD*	0.143* (1.84)	0.189*** (3.20)	0.160** (2.26)	0.210*** (3.77)	0.022*** (3.63)	0.023*** (4.55)	0.023*** (4.35)	0.022*** (4.67)	−0.379** (−2.74)	−0.417*** (−2.95)	−0.348** (−2.15)	−0.344*** (−2.64)
log *IS*	−0.110** (−2.09)	−0.089* (−1.90)	−0.134*** (−2.60)	−0.180*** (−3.69)	−0.004 (−1.53)	−0.002 (−0.69)	−0.004 (−1.34)	−0.003 (−1.02)	0.529** (2.07)	0.437* (1.91)	0.228 (1.07)	0.171 (0.89)

（续表）

解释变量	log *P*				*NPR*				log *EP*			
	(1)	(2)	(3)	(4)	(5)	(6)	(7)	(8)	(9)	(10)	(11)	(12)
log *S*	0.039 (0.74)	−0.000 (−0.00)	0.030 (0.64)	0.021 (0.62)	−0.016*** (−2.94)	−0.018*** (−3.50)	−0.018*** (−3.67)	−0.018*** (−3.91)	0.705*** (3.50)	0.745*** (3.88)	0.913*** (4.41)	0.853*** (4.37)
HF	0.251 (0.51)	−0.060 (−0.14)	0.231 (0.50)	0.208 (0.52)	−0.023 (−0.75)	−0.035 (−1.37)	−0.023 (−0.70)	−0.018 (−0.65)	2.528 (1.70)	2.964** (2.11)	3.273** (2.04)	2.932* (1.81)
EI	0.058 (0.39)	0.115 (0.75)	0.132 (1.03)	0.048 (0.39)	−0.012 (−1.47)	−0.006 (−0.70)	−0.009 (−0.74)	−0.009 (−0.82)	0.291 (0.69)	0.147 (0.34)	−0.966* (−1.86)	−0.772 (−1.53)
log *FDI*	0.033 (0.73)	0.015 (0.42)	0.021 (0.41)	−0.024 (−0.57)	−0.002 (−0.82)	−0.001 (−0.48)	−0.001 (−0.42)	−0.001 (−0.32)	0.305*** (2.90)	0.313*** (3.03)	0.080 (0.47)	0.184 (1.29)
_CONS	−0.335 (−1.20)	−0.569** (−2.21)	−0.474* (−1.90)	−0.589*** (−2.81)	−0.074*** (−3.38)	−0.089*** (−5.31)	−0.077*** (−3.55)	−0.077*** (−3.77)	2.182*** (3.24)	2.571*** (3.51)	2.998*** (3.76)	2.974*** (3.87)
N	242	242	242	242	242	242	242	242	242	242	242	242
sargan	131.799	145.592	119.339	139.760	133.951	164.345	138.223	152.904	131.441	144.446	190.337	215.763
SAR_df	146.000	179.000	146.000	179.000	146.000	196.000	146.000	179.000	146.000	179.000	146.000	179.000
N_g	27.000	27.000	27.000	27.000	27.000	27.000	27.000	27.000	27.000	27.000	27.000	27.000

注：括号内为估计量的 t 统计量。***、** 和 * 分别表示在 1%、5% 和 10% 的水平上显著。

表 7-2 污染行业中产业环境规制对技术创新的回归结果表

解释变量	log P				NPR				log EP			
	(1)	(2)	(3)	(4)	(5)	(6)	(7)	(8)	(9)	(10)	(11)	(12)
L.log P	0.805^{***} (22.54)	0.809^{***} (22.27)	0.815^{***} (20.83)	0.812^{***} (22.40)								
L.NPR					0.698^{***} (8.47)	0.697^{***} (8.42)	0.697^{***} (8.37)	0.702^{***} (10.49)				
L.log EP									0.365^{***} (3.05)	0.357^{***} (3.52)	0.306^{**} (2.48)	0.302^{***} (2.89)
$ERI1$	−0.014 (−0.06)	−1.905 (−1.48)			−0.008 (−0.75)	0.015 (0.11)			2.795^{***} (3.64)	−2.309 (−0.50)		
$ERI11$		1.271 (1.52)				−0.017 (−0.18)				3.561 (1.22)		
$ERI2$			-0.014^{*} (−1.96)	-0.032^{*} (−1.68)			−0.001 (−1.63)	−0.000 (−0.03)			0.176^{***} (7.80)	0.307^{**} (2.22)
$ERI22$				0.004^{**} (2.24)				−0.000 (−0.26)				−0.011 (−0.98)
log RD	0.195^{***} (3.08)	0.178^{***} (3.07)	0.188^{***} (3.55)	0.222^{***} (3.68)	0.022^{***} (3.34)	0.021^{***} (2.97)	0.021^{***} (3.32)	0.020^{***} (4.14)	-0.381^{**} (−2.34)	-0.369^{**} (−2.34)	-0.167^{*} (−1.77)	−0.212 (−1.31)
log IS	-0.168^{**} (−2.34)	-0.156^{**} (−2.26)	-0.189^{***} (−2.96)	-0.194^{***} (−2.98)	0.005 (0.64)	0.006 (0.78)	0.006 (0.74)	0.006 (0.75)	0.109 (0.38)	−0.012 (−0.05)	0.037 (0.17)	0.026 (0.12)

（续表）

解释变量	log *P*				*NPR*				log *EP*			
	(1)	(2)	(3)	(4)	(5)	(6)	(7)	(8)	(9)	(10)	(11)	(12)
log *S*	0.033 (0.71)	0.045 (1.00)	0.041 (1.18)	0.028 (0.67)	−0.019** (−2.37)	−0.019** (−2.20)	−0.019** (−2.45)	−0.018*** (−2.77)	0.828*** (3.51)	0.864*** (3.79)	0.818*** (3.49)	0.827*** (3.41)
HF	0.440 (0.52)	0.563 (0.68)	0.455 (0.88)	0.256 (0.41)	0.051 (1.10)	0.051 (0.98)	0.065 (1.33)	0.070 (1.30)	4.752* (1.99)	5.190** (2.01)	0.014 (0.01)	0.363 (0.27)
EI	0.392 (0.71)	0.431 (0.78)	0.389 (0.86)	0.281 (0.60)	0.077** (2.31)	0.078** (2.30)	0.081** (2.26)	0.082** (2.16)	−0.280 (−0.16)	−0.578 (−0.38)	−1.883 (−1.14)	−1.852 (−1.06)
log *FDI*	0.005 (0.14)	0.002 (0.07)	−0.017 (−0.52)	−0.039 (−0.95)	−0.002 (−0.78)	−0.001 (−0.34)	−0.000 (−0.04)	0.001 (0.19)	0.363** (2.67)	0.306*** (2.63)	0.039 (0.35)	0.062 (0.41)
_*CONS*	−0.791*** (−3.26)	−0.074 (−0.21)	−0.722*** (−3.07)	−0.785*** (−3.14)	−0.085*** (−2.67)	−0.093 (−1.43)	−0.090*** (−2.70)	−0.088*** (−3.24)	1.084 (1.37)	3.109 (1.63)	3.185*** (5.68)	3.381*** (4.96)
N	126	126	126	126	126	126	126	126	126	126	126	126
sargan	87.960	91.716	89.725	91.198	109.258	114.792	111.653	116.005	87.231	99.457	97.240	108.274
SAR_df	104.000	111.000	104.000	111.000	104.000	115.000	104.000	111.000	104.000	111.000	104.000	111.000
N_g	14.000	14.000	14.000	14.000	14.000	14.000	14.000	14.000	14.000	14.000	14.000	14.000

注：括号内为估计量的 t 统计量。***、** 和 * 分别表示在 1%、5% 和 10% 的水平上显著。

表 7-3　清洁行业中产业环境规制对技术创新的回归结果表

解释变量	log *P*				*NPR*				log *EP*			
	(1)	(2)	(3)	(4)	(5)	(6)	(7)	(8)	(9)	(10)	(11)	(12)
L.log *P*	0.786*** (15.17)	0.782*** (15.00)	0.777*** (16.51)	0.766*** (15.03)								
L.*NPR*					0.756*** (12.38)	0.744*** (13.22)	0.769*** (12.19)	0.763*** (11.75)				
L.log *EP*									0.329*** (3.53)	0.319*** (3.59)	0.361*** (4.42)	0.313*** (3.78)
*ERI*1	0.041 (0.24)	1.056* (1.76)			0.004 (0.26)	0.112** (2.19)			1.865*** (3.95)	3.737** (2.30)		
*ERI*11		−1.732** (−2.12)				−0.182** (−2.32)				−3.192 (−1.33)		
*ERI*2			0.021 (0.44)	−0.095 (−0.55)			−0.002** (−2.29)	−0.002 (−0.51)			0.575*** (7.75)	1.480*** (7.62)
*ERI*22				0.013 (0.87)				0.000 (0.00)				−0.100*** (−4.72)
log *RD*	0.134 (1.15)	0.143 (1.38)	0.146 (1.41)	0.157* (1.68)	0.025*** (3.45)	0.027*** (4.28)	0.024*** (3.04)	0.023*** (2.95)	−0.656** (−2.19)	−0.652** (−2.49)	−0.259 (−1.16)	−0.298 (−1.32)
log *IS*	−0.019 (−0.26)	−0.021 (−0.25)	−0.022 (−0.36)	−0.054 (−0.99)	−0.004 (−0.91)	−0.004 (−0.75)	−0.005 (−0.84)	−0.004 (−0.81)	0.968** (2.67)	0.931*** (3.07)	0.441** (1.98)	0.644*** (3.38)

（续表）

解释变量	log *P*				*NPR*				log *EP*			
	(1)	(2)	(3)	(4)	(5)	(6)	(7)	(8)	(9)	(10)	(11)	(12)
log *S*	0.004 (0.03)	-0.011 (-0.09)	-0.022 (-0.25)	0.000 (0.01)	-0.025*** (-2.63)	-0.027*** (-3.15)	-0.022** (-2.33)	-0.024*** (-2.94)	1.005 (1.61)	0.907* (1.71)	0.536 (1.39)	0.446 (1.20)
HF	0.167 (0.34)	0.713* (1.84)	0.356 (0.83)	0.554 (0.82)	-0.066 (-1.36)	-0.026 (-0.47)	-0.049 (-1.36)	-0.059 (-1.64)	3.860 (1.67)	4.928** (2.38)	4.381** (2.10)	3.242** (2.07)
EI	0.036 (0.17)	0.102 (0.46)	0.018 (0.09)	0.022 (0.13)	-0.029* (-1.94)	-0.022 (-1.41)	-0.024 (-1.19)	-0.029 (-1.53)	0.547 (1.04)	0.481 (1.08)	-0.509 (-0.95)	-0.496 (-1.03)
log *FDI*	0.075 (0.76)	0.089 (0.83)	0.100 (0.99)	0.078 (0.92)	0.007 (0.91)	0.008 (0.94)	0.004 (0.49)	0.008 (0.99)	0.256 (0.59)	0.368 (0.99)	0.359 (1.25)	0.533* (1.74)
_CONS	-0.242 (-0.48)	-0.440 (-0.78)	-0.239 (-0.40)	-0.282 (-0.52)	-0.074** (-2.23)	-0.100*** (-3.05)	-0.075* (-1.95)	-0.061 (-1.55)	2.575 (1.66)	2.681* (1.90)	2.247* (1.82)	2.423* (1.81)
N	116	116	116	116	116	116	116	116	116	116	116	116
sargan	79.033	83.275	82.260	90.454	82.756	87.566	80.513	85.432	91.385	104.713	125.871	135.374
SAR_df	99.000	105.000	99.000	105.000	99.000	106.000	99.000	105.000	99.000	105.000	99.000	105.000
N_g	13.000	13.000	13.000	13.000	13.000	13.000	13.000	13.000	13.000	13.000	13.000	13.000

注：括号内为估计量的 *t* 统计量。***、** 和 * 分别表示在 1%、5% 和 10% 的水平上显著。

表 7-4　劳动密集型产业中环境规制对技术创新的回归结果表

解释变量	log P				NPR				log EP			
	(1)	(2)	(3)	(4)	(5)	(6)	(7)	(8)	(9)	(10)	(11)	(12)
L.log P	0.771^{***} (18.69)	0.757^{***} (16.63)	0.766^{***} (20.41)	0.756^{***} (21.46)								
L.NPR					0.637^{***} (10.27)	0.641^{***} (11.94)	0.646^{***} (11.37)	0.636^{***} (9.98)				
L.log EP									0.261^{**} (2.39)	0.248^{**} (2.38)	0.292^{***} (3.31)	0.288^{***} (3.27)
$ERI1$	−0.135 (−0.90)	−0.584 (−1.28)			−0.007 (−0.54)	−0.008 (−0.27)			0.612 (1.23)	2.729^{**} (2.50)		
$ERI11$		0.818 (1.36)				0.002 (0.08)				-2.557^{*} (−1.94)		
$ERI2$			−0.027 (−0.68)	−0.051 (−0.66)			−0.000 (−0.46)	−0.002 (−0.69)			0.494^{***} (7.48)	0.619^{**} (2.55)
$ERI22$				0.009 (1.37)				0.000 (0.60)				−0.015 (−0.58)
log RD	0.167^{**} (2.09)	0.170^{**} (2.18)	0.198^{***} (3.02)	0.188^{***} (2.94)	0.042^{***} (5.52)	0.041^{***} (6.77)	0.041^{***} (5.31)	0.042^{***} (5.34)	-0.660^{***} (−3.82)	-0.672^{***} (−4.44)	-0.368^{***} (−3.28)	-0.353^{***} (−2.87)
log IS	−0.021 (−0.23)	0.032 (0.33)	−0.091 (−1.30)	−0.011 (−0.14)	-0.018^{***} (−2.59)	-0.018^{**} (−2.54)	-0.019^{**} (−2.50)	-0.019^{**} (−2.53)	1.435^{**} (2.95)	1.460^{***} (3.45)	0.898^{**} (2.11)	0.861^{**} (1.99)

(续表)

解释变量	log *P*				*NPR*				log *EP*			
	(1)	(2)	(3)	(4)	(5)	(6)	(7)	(8)	(9)	(10)	(11)	(12)
log *S*	0.030 (0.32)	0.023 (0.25)	−0.033 (−0.84)	0.036 (0.56)	−0.038*** (−5.47)	−0.038*** (−6.87)	−0.039*** (−4.59)	−0.038*** (−5.21)	1.364** (2.71)	1.366*** (3.01)	0.743** (2.34)	0.652** (2.11)
HF	0.460 (0.85)	0.580 (1.44)	0.683 (1.50)	0.580 (1.20)	−0.066 (−1.57)	−0.062* (−1.71)	−0.064 (−1.51)	−0.066* (−1.68)	3.018 (1.74)	3.593*** (2.71)	5.133** (2.50)	5.315*** (2.83)
EI	0.236 (0.86)	0.413* (1.78)	0.259 (1.04)	0.371* (1.87)	−0.029 (−1.60)	−0.027 (−1.54)	−0.024 (−1.53)	−0.027* (−1.71)	0.394 (0.44)	0.314 (0.41)	−0.551 (−0.77)	−0.478 (−0.67)
log *FDI*	0.052 (0.50)	0.086 (0.87)	0.115 (1.54)	0.059 (1.13)	0.001 (0.25)	0.003 (0.62)	0.003 (0.53)	0.002 (0.46)	−0.225 (−0.54)	−0.214 (−0.63)	0.167 (0.56)	0.267 (1.04)
_CONS	−0.675* (−1.80)	−1.000*** (−2.73)	−0.770* (−1.90)	−1.003*** (−3.01)	−0.099*** (−5.92)	−0.098*** (−5.59)	−0.101*** (−6.26)	−0.102*** (−5.31)	2.491* (1.77)	2.328** (1.99)	2.755** (2.12)	2.812* (1.96)
N	125	125	125	125	125	125	125	125	125	125	125	125
sargan	82.146	87.673	81.496	91.414	96.867	101.801	97.201	100.433	89.542	101.128	121.721	132.862
SAR_df	105.000	112.000	105.000	112.000	105.000	115.000	105.000	112.000	105.000	112.000	105.000	112.000
N_g	14.000	14.000	14.000	14.000	14.000	14.000	14.000	14.000	14.000	14.000	14.000	14.000

注:括号内为估计量的 t 统计量。***、** 和 * 分别表示在 1%、5%和 10%的水平上显著。

表 7-5　资本密集型产业中环境规制对技术创新的回归结果表

解释变量	log P				NPR				log EP			
	(1)	(2)	(3)	(4)	(5)	(6)	(7)	(8)	(9)	(10)	(11)	(12)
L.log P	0.822*** (17.38)	0.823*** (16.36)	0.840*** (17.36)	0.825*** (17.35)								
L.NPR					0.888*** (21.63)	0.883*** (22.96)	0.874*** (20.50)	0.869*** (20.89)				
L.log EP									0.391** (3.00)	0.367*** (3.48)	0.400*** (2.65)	0.315*** (3.18)
ERI1	−0.116 (−0.93)	−0.202 (−0.34)			−0.000 (−0.03)	0.088** (2.01)			2.498*** (3.55)	−0.863 (−0.42)		
ERI11		0.075 (0.15)				−0.078** (−2.03)				3.021* (1.95)		
ERI2			−0.013* (−1.66)	−0.041** (−2.20)			−0.001 (−1.55)	−0.002 (−0.74)			0.200*** (6.02)	0.501*** (4.47)
ERI22				0.005*** (4.36)				0.000 (0.36)				−0.024*** (−2.61)
log RD	0.242*** (3.10)	0.245*** (3.08)	0.255*** (3.21)	0.279*** (3.41)	0.010* (1.94)	0.010** (2.25)	0.009* (1.87)	0.009* (1.92)	−0.432** (−2.61)	−0.499*** (−3.02)	−0.327* (−1.83)	−0.426** (−2.16)
log IS	−0.067 (−0.67)	−0.063 (−0.64)	−0.102 (−1.16)	−0.129 (−1.44)	−0.010 (−1.44)	−0.009 (−1.21)	−0.008 (−1.12)	−0.008 (−1.22)	−0.143 (−0.32)	−0.300 (−0.94)	−0.135 (−0.38)	−0.188 (−0.61)

(续表)

解释变量	log *P*				*NPR*				log *EP*			
	(1)	(2)	(3)	(4)	(5)	(6)	(7)	(8)	(9)	(10)	(11)	(12)
log *S*	−0.057 (−1.01)	−0.061 (−1.07)	−0.060 (−1.18)	−0.049 (−0.84)	−0.006 (−1.07)	−0.006 (−1.12)	−0.007 (−1.19)	−0.007 (−1.27)	0.924*** (4.82)	1.019*** (6.20)	1.027*** (5.65)	1.155*** (7.56)
HF	−0.274 (−0.58)	−0.253 (−0.35)	−0.373 (−0.74)	−0.299 (−0.65)	0.003 (0.07)	−0.065 (−1.02)	0.015 (0.35)	0.016 (0.35)	2.473 (1.19)	5.621** (2.24)	2.435 (1.51)	2.407*** (2.58)
EI	0.018 (0.13)	0.008 (0.04)	0.243 (1.63)	0.067 (0.60)	−0.010 (−0.52)	0.003 (0.20)	−0.016 (−0.74)	−0.020 (−0.91)	−0.198 (−0.30)	−0.855 (−1.42)	−1.629* (−1.69)	−1.169* (−1.72)
log *FDI*	−0.017 (−0.50)	−0.018 (−0.59)	−0.060 (−1.36)	−0.072* (−1.69)	−0.001 (−0.65)	−0.001 (−0.43)	0.002 (0.43)	0.002 (0.49)	0.265** (2.58)	0.298*** (3.88)	0.078 (0.63)	0.134 (0.98)
_*CONS*	−0.763** (−2.09)	−0.755* (−1.66)	−0.826** (−2.37)	−0.894** (−2.19)	−0.016 (−0.55)	−0.035 (−1.37)	−0.014 (−0.50)	−0.014 (−0.51)	2.312* (1.95)	3.411*** (2.80)	2.171** (2.07)	2.727** (2.18)
N	117	117	117	117	117	117	117	117	117	117	117	117
sargan	94.166	96.667	90.666	99.089	89.494	90.541	89.264	90.801	82.905	95.515	88.203	104.964
SAR_df	98.000	104.000	98.000	104.000	98.000	107.000	98.000	104.000	98.000	104.000	98.000	104.000
N_g	13.000	13.000	13.000	13.000	13.000	13.000	13.000	13.000	13.000	13.000	13.000	13.000

注:括号内为估计量的 t 统计量。***、** 和 * 分别表示在 1%、5% 和 10% 的水平上显著。

第八章

本书的研究价值和创新

一、本书研究的意义

由于传统的贸易干预政策受到WTO/GATT的规制，另一方面，WTO规则又对环境政策的实施给予了例外性对待，因此，很多国家的政府开始将政策目标转移到以环境保护为正当理由的贸易政策机制设计上，并籍此影响国际市场的博弈均衡。本项目对战略环境贸易政策中环境税、贸易环境标准、生态标志和绿色补贴的作用进行了重点研究，由于这些战略环境贸易政策作为一种环境与贸易的双重工具也会导致不同国家和企业之间的博弈行为，势必影响到各国福利水平的增减和环境质量的改善。因此，本项目对作为策略行为的政策进行理论和实证研究，有助于理解这些贸易工具的运用机理和市场效应，同时，对发展中国家找到合理的应对策略也可提供很好的理论依据和政策支持。

二、本书的主要内容、创新与贡献

本书的主要创新成果区分为理论模型与实证研究两个范畴，其中理论模型对当前国际前沿的环境贸易政策模型进行了相关市场、生态倾销和绿色补贴三个维度的理论拓展，而实证模型在基于数据可得性的基础上分别验证了我国环境规制政策对分产业、分地区、分所有制出口部门竞争力形成的影响，同时也评估了环境规制力度对技术创新的产出绩效和环境绩效的影响。

其中理论模型的内容、观点、贡献包括：

（1）本书在Anam和Shiang的研究框架中，提出一个基于随机和相关需求的相互贸易模型，其中政府通过设置环境税（或提供生产补贴）来实现环境改善（或市场份额扩张）的目标。研究的结论表明，在相关需求条件下非合作与合作最优环境税均高于确定需求条件下的环境税水平，且环境税将随着随机需求风险、市场间正相关系数和风险偏好态度的增加而上升。同时，由于相关需求和跨边界污染的存在，政府在合作条件下更加关注抑制生态倾销的动机，因此，合作条件下的环境税高于古诺纳什均衡条件下的水平。

(2) 在传统贸易政策工具受到 WTO 限制的条件下，绿色补贴作为一种新的策略手段正在被更多的政府所采用。研究者在一个多阶段双头竞争的模型中考虑了绿色补贴及其溢出效应对企业行为及环境质量的影响。研究的结论表明，如果政府给本国企业提供单边绿色补贴，并同时按照 EOS 准则来确定自己的环境标准，则绿色补贴的策略效果可以通过改变古诺产出水平和环境控制标准来改善本国的福利水平，但是，绿色补贴会导致本国政府有动机采取生态倾销的策略，反而使得本国环境存在恶化的可能性。

本书在实证研究方面的主要内容、观点和政策建议包括：

(1) 本书首先通过行业数据研究了环境规制对绿色贸易的促进作用，验证了在 R & D、要素密集和污染程度分类标准下环境政策的战略效果，同时，在发展中大国样本的基础上侧重检验了波特假说和古典理论假说的合理性。在研究方法上，通过建立动态面板数据模型及应用系统 GMM 方法估计了环境规制对绿色贸易的影响程度。实证结果表明，环境规制对出口贸易总体呈现显著为负的影响，结论与古典理论假说相吻合；但在根据样本分组后的回归结果对比中可以发现，环境规制对重污染行业、低技术行业、劳动密集型行业的负向影响明显弱于对轻污染行业、高技术行业、资本密集型行业的影响。这说明环境规制能够通过促进污染密集型企业、低技术企业和劳动密集类企业进行技术创新来改良企业的生产能力，提高产品的环境技术含量并使产品达到国际检验标准，这不仅改善了企业的出口能力，而且体现了环境规制对绿色贸易的推动作用，符合波特假说对环境规制效果的预期。

(2) 在中国出口部门所有制类型具有多样性的前提下，项目依托于 37 个行业的面板数据研究了环境规制对国有企业出口部门、私营企业出口部门和外资企业出口部门影响的差异性，并在所有制视角下考虑环境规制对绿色贸易的推动作用。由实证回归结果可知，由于我国出口过程中的比较优势仍然是劳动密集型产业，由于环境规制提升了这类产业的生产成本，故对不同类型所有制企业出口均体现了不同程度的负面影响。然而，国有部门和外资部门相对于私营部门拥有技术和资本优势且污染的排放量相对较少，因而其规制的负面影响也相应较小。相反，私营出口部门更多具备劳动密集型且低技术密集度的特征，环境规制对出口的抑制作用较大。这样，环境规制在优化出口结构、推动绿色贸易的同时，也改变了出口部门的所有制成份构成。

(3) 本书运用 2002—2010 年我国 284 个城市的面板数据分析了环境规制因素对地区出口贸易的影响。为了测度环境规制在不同区域产业优势约束下对贸易发展的推动作用，研究样本被区划为东、中、西部、长江三角洲和珠江三角洲分别进行考察。考虑到环境规制变量的内生性问题,本书采用了GMM方法对模型进行了估计,从而得到了更为稳健的结果。研究结论表明:环境规制总体上对我国各地区出口贸易有正向的促进作用;由于在产业发展基础、技术积累及要素禀赋等诸多方面存在差异,环境规制对中部出口贸易发展有显著的促进作用,其对西部贸易竞争力亦有较大的提升,但对东部的影响系数最小且不显著。由于长三角、珠三角地区均逐步形成了以资本密集和技术密集为主导的发展模式,因此,环境规制对两大经济区的贸易发展影响并不显著。

(4) 本书从理论角度分析了环境规制对产业技术创新绩效的影响机理,并且运用面板回归估计方法对我国制造业27个子行业的数据进行了实证研究。该研究侧重考虑的问题包括:环境规制是否能够促进技术创新?其对技术创新的各种产出绩效的影响是否具有异质性?对这些问题的回答有助于我国产业发展、优化、转型并控制资源环境恶化的压力。项目组验证了环境规制对技术创新知识产出绩效、经济产出绩效以及环境产出绩效的影响;实证结果表明,环境规制对环境产出绩效具有显著的正向影响,并与其呈现"倒U型"关系;与技术创新的知识产出绩效呈"U型"关系,其对经济产出绩效的影响不显著,并且在不同的产业具有不同的产出效果。该实证结果意味着环境规制的加强对减污技术创新具备长远的促进作用,达到了环境保护的目的。相反,环境规制在不同产业间的异质性效果要求企业或政府应根据环境质量的边际改善程度来设计柔性的制度构架。

三、本书成果的学术价值、应用价值,以及社会影响和效益

(1) 本书在寡头理论模型的构建中将随机市场需求和相关市场需求整合到环境贸易政策模型的构建中,将世界经济一体化条件下结合日益紧密的消费需求因素设置到传统的环境政策及生态倾销模型中,并对研究进行了合理的演绎,形成了对该研究分支的学术贡献。

(2) 本书的研究与前期涉及R&D补贴的战略贸易政策模型不同,将研究视角转向政府专用于环境减污设备投资的绿色补贴,该研究模型从理论思路、建模、推理和结论均对前期寡头市场条件下的研究成果进行了拓展,并形

成了一种新颖的兼顾环境与市场目标的研究框架。

(3) 本书在应用研究过程中特别强调从产业、区域、所有制等不同的维度对环境规制产生的影响进行系统性验证，并且由此发现环境贸易政策在产业结构优化、区域资源整合及制度份额调整等经济决策中形成重要的影响，并且在客观上推动了绿色贸易的发展，因此本书的研究成果对地方政府协调环境质量和出口竞争力的关系及实现区域经济可持续发展有着重要的参考价值。

参考文献

[1] Abay M, Reyer G, Dan R. Environmental Regulations in Gravity Equations: Evidence from Europe[J]. *Environmental and Resource Economics*, 2010, 45(4): 459-479.

[2] Abrego L, Perroni C, Whalley J, Wigle R H. Trade and environment: bargaining outcomes from linked negotiations. *Review of International Economics*[J], 2001, 9(3): 414-428.

[3] Altman M. When Green Isn't Mean: Economic Theory and the Heuristics of the Impact of Environmental Regulations on Competitiveness and Opportunity Cost[J]. *Journal of Ecological Economics*, 2001, 36(1): 31-44.

[4] Anam, Mahmudul, Chiang S H. Dumping with correlated demand [J]. *Southern Economic Journal*, 1996, 62(4): 1072-1078.

[5] Anam, Mahmudul, Chiang S H. Price discrimination and social welfare with correlated demand[J]. *Journal of Economic Behavior and Organization*, 2006, 61(1): 110-122.

[6] Anam, Mahmudul, Chiang S H. Export market correlation and strategic trade policy[J]. *Canadian Journal of Economics*, 2000, 33(1): 41-52.

[7] Anam, Mahmudul, Chiang S H. Intraindustry trade in identical products: a portfolio approach[J]. *Review of International Economics*, 2003, 11(1): 90-100.

[8] Arellano M, Bover O. Another Look at the Instrumental Variable Estimation of Error-Component Modles[J]. *Journal of Econometrics*, 1995, 68(1): 29-51.

[9] Arouri M E H, Caporale G M, Raulte C. Environmental Regulation and Competitiveness: Evidence from Romania[J]. *Ecological Economics*, 2012, 81(9): 130-139.

[10] Barnett A H. The Pigouvian tax rule under monopoly[J]. *American Economic Review*, 1980, 70(5): 1037-1041.

[11] Barrett S. Strategic environmental policy and international trade[J]. *Journal of Public Economics*, 1994, 54(3): 325-338.

[12] Baumol W, Oates W E. *The Theory of Environmental Policy* [M]. Second Edition, NewYork: Cambridge University Press, 1988.

[13] Blundell R, Bond S R. Initial Conditons and Moment in Dynamic Panel Data Models[J]. *Journal of Econometrics*, 1987(1): 115-143.

[14] Brander J A, Krugman P. A "reciprocal dumping" model of international trade[J]. *Journal of International Economics*, 1983, 15(3/4): 313-321.

[15] Brander J A. Spencer B J. Export subsidies and international market share rivalry[J]. *Journal of International Economics*, 1985, 18(1/2): 83-100.

[16] Brunnermeier S B, Cohen M A. Determinants of environmental innovation in US manufacturing industries [J]. *Journal of environmental economics and management*, 2003, 45(2): 278-293.

[17] Burguet R, Sempere J. Trade liberalization, environmental policy, and welfare [J]. *Journal of Environmental Economics and Management*, 2003, 46(1): 25-37.

[18] Arden-Clarke C. Environment, Competitiveness and Countervailing Measures[J], WWF, Switzerland, 1993.

[19] Cagatay S, Mihci H. Degree of Environmental Stringency and Impact on Trade Patterns[J]. *Journal of Economic Studies*, 2006, 33(1): 30-51.

[20] Chappin M M H. Enhancing our understanding of the role of environmental policy in environmental innovation: adoption explained by the accumulation of policy instruments and agent-based factors[J]. *Environmental Science & Policy*, 2009, 12(7): 934-947.

[21] Cohen W, Levinthal D. Innovation and Learning: The Two Faces of R&D[J]. *Economic Journal*, 1989, 99(397): 569-596.

[22] Cole M A, Elliott R J R. Do environmental regulations influence trade patterns? Testing old and new trade theories[J]. *The World Economy*, 2003, 26(8): 1163-1186.

[23] Conrad K. Choosing emission taxes under international price competition[J]. *Environmental Policy and Market Structure Economics*

Energy and Environment, 1996, 4: 85-98.

[24] Conrad K. Optimal environmental policy for oligopolistic industries under intra-industry trade [J]. *Environmental Policy and Market Structure*, 1996, 4: 65-83.

[25] Conrad K. Taxes and subsidies for pollution-intensive industries as trade policy [J]. *Journal of Environmental Economics and Management*, 1993, 25(2): 121-135.

[26] Copeland B R. Trade and Environment: Policy Linkages [J]. *Environment and Development Economics*, 2000, 5(4): 405-432

[27] Copeland B R, Talor M S. North-South Trade and the Environment[J]. *Quarterly Journal of Economics*, 1994, 109(3): 755-787.

[28] Copeland B R, Taylor M S. Trade and transboundary pollution[J]. *American Economic Review*, 1995, 85(4): 716-737.

[29] Copeland B R. Strategic interaction among nations: negotiable and non-negotiable trade barriers[J]. *Canadian Journal of Economics*, 1990, 23(1): 84-108.

[30] Copeland B R. Pollution content tariffs, environmental rent shifting, and the control of cross-border pollution[J]. *Journal of International Economics*, 1996, 40(3-4): 459-476.

[31] Costantini V. Crespi F. Environmental Regulation and the Export Dynamics of Energy Technologies[J]. *Ecological Economics*, 2008, 66 (2-3): 447-460.

[32] Denison E F. Accouting for Slower Economic Growth: The United States in the 1970s[J]. *Southern Economic Journal*, 1981. 47(4): 1191-1193.

[33] Devadoss S, Holland D W, Stodick L, et al. General Equilibrium Analysis of Foreign and Domestic Demand Shocks Arising from Mad Cow Disease in the United States[J]. *Journal of Agricultural and Resource Economics*, 2006, 31(2): 441-453.

[34] Earnhart D, Lizal L. Direct and Indirect Effects of Ownership on Firm-level Environmental Performance [J]. *Eastern European Economics*, 2007,45(4):66-87.

[35] Domazlicky B, Weber W. Does Environmental Protection Lead to Slower Productivity Growth in the Chemical Industry? [J].

Environmental and Resource Economics, 2004, 28(3): 301-324.

[36] Ederington W J. International coordination of trade and domestic policies[J]. *American Economic Review*, 2001,91(5):1580-1593.

[37] Eskeland G S, Harrison A E. Moving to Green Pastures? Multinational and the Pollution Haven Hypothesis[J]. *Journal of Development Economics*, 2003, 70(1): 1-23.

[38] Gollop F M, Roberts M J. Environmental Regulations and Productivity Growth: The Case of Fossil-fueled Electric Power Generation[J]. *Journal of Political Economy*, 1983, 91(4): 654-674.

[39] Gray W B, Shadbegian R J. Pollution abatement costs, regulation, and plant-level productivity[J]. *The national Bureau of economic research*, 1995, Working Paper No. 4994

[40] Greaker M. Strategic environmental policy; eco-dumping or a green strategy? [J] *Journal of Environmental Economics and Management*, 2003, 45(3): 692-707.

[41] Hamamoto M. Environmental regulation and the productivity of Japanese manufacturing industries [J]. *Resource and energy economics*, 2006, 28(4): 299-312.

[42] Horbach J. Determinants of environmental innovation-New evidence from German panel data sources[J]. *Research policy*, 2008, 37(1): 163-173.

[43] J. Brander B. Spencer. Strategic commitment and R & D: the symmetric case[J]. *Bell Journal of Economics*, 1983,14(1):225-235.

[44] Tirole J. The Theory of Industrial Organization[M]. The MIT Press, Cambridge, MA, 1997.

[45] Jaffe A B, Palmer K. Environmental regulation and innovation: a panel data study[J]. *Review of Economics and Statistics*, 1997, 79(4): 610-619.

[46] Jaffe B A, Peterson S R, Portney P R. Environmental regulation and the competitiveness of US manufacturing: what does the evidence tell us? [J]. *Journal of Economy Literal*, 1995, 33(1): 132-164.

[47] Johnstone N, Havsvcivc I, Popp D. Renewable energy policies and technological innovation: Evidence based on patent counts [J]. *Environmental and Resource Economics*, 2010,45(1): 133-155.

[48] Jorgenson D W, Wilcoxen P J. Environmental Regulation and U.S. Economic Growth[J]. *The RAND Journal of Economics*, 1990,21(2): 314-340.

[49] Kennedy P W. Equilibrium pollution taxes in open economies with imperfect competition[J]. *Journal of Environmental Economics and Management*, 1994, 27(1): 49-63.

[50] Kneller R, Manderson E. Environmental regulations and innovation activity in UK manufacturing industries[J]. *Resource and Energy Economics*, 2012, 34(2): 211-235.

[51] Lai Y B, Hu C H. Trade agreements, domestic environmental regulation, and transboundary pollution[J]. *Resource and Energy Economics*, 2008,30(2):209-228.

[52] Lanjouw J O, Mody A. Innovation and the International Diffusion of Environmentally Responsive Technology[J]. *Research Policy*, 1996, 25(4): 549-571.

[53] Markusen J R, Morey E R, Olewiler N. Environmental policy when market structure and plant locations are endogenous[J]. *Journal of Environmental Economics and Management*, 1993,24(1):69-86.

[54] Min-Dong Paul Lee. Does Ownership Form Matter for Corporate Social Responsibility? A Longitudinal Comparison of Environmental Performance between Public, Private, and Joint-venture Firms[J]. *Business and Society Review*, 2009, 114(4): 435-456.

[55] Porter M E, Vanderlinde C. Toward a New Conception of Environment-Competitiveness Relationship[J]. *Journal of Economic Perspectives*, 1995, 9(4): 97-118.

[56] Porter M. America's green strategy[J]. *Scientific American*, 1991. Vol. 264(4): 168-168.

[57] Portney P R. The contingent valuation debate: why economists should care[J]. *The Journal of Economic Perspectives*, 1994., 8(4): 3-17.

[58] Bradford R L, Simpson R D. Taxing variable cost: environmental regulation as industrial policy [J]. *Journal of Environmental Economics Management*, 1996, 30(3):282-300.

[59] Hartman R S, Wheeler D, Singh M. The cost of air pollution

abatement[J]. *Applied Economics*, 1997, 29(6): 759-774.

[60] Requate T, Unold W. Environmental policy incentives to adopt advanced abatement technology: Will the true ranking please stand up? [J]. *European Economic Review*, 2003, 47(1): 125-146.

[61] Robert D Mohr. Technical Change, External Economies and the Porter Hypothesis [J]. *Journal of Environmental Economics and Management*, 2002, 43(1): 158-168.

[62] Shadbegian R J, Gray W B. Pollution abatement expenditures and plant-level productivity: A production function approach [J]. *Ecological Economics*, 2005, 54(2-3): 196-208.

[63] Siebert H. Environmental Quality and the Gains from Trade. Kyklos, 1977,30(4):657-673.

[64] Steven L P. The strategic use of innovation to influence regulatory standards[J]. *Journal of Environmental Economics and Management*, 2006, 52(3): 690-706.

[65] Ulph A . Environmental policy and international trade when governments and producers act strategically[J]. *Journal of Environmental Economics and Management*,1996, 30(3), 265-281.

[66] Van Beers C, Van Den Bergh J C J M. An Empirical Multi-Country Analysis of the Impact of Environmental Regulations on Foreign Trade Flows[J]. *Kyklos*, 1997, 50(1): 29-46.

[67] 白雪洁,宋莹.环境规制、技术创新与中国火电行业效率的提升[J]. 中国工业经济,2009(08):68-77.

[68] 常中阳,宋敏.技术领先会持续吗? 非延迟无溢出 R & D 竞争研究综述[J]. 经济研究,2010(12):125-138.

[69] 傅京燕,李丽莎.环境规制、要素禀赋与产业国际竞争力的实证研究——基于中国制造业的面板数据[J]. 管理世界,2010(10):87-98.

[70] 黄德春,刘志彪.环境规制与企业自主创新——基于波特假设的企业竞争优势构建[J]. 中国工业经济, 2006(03):100-106.

[71] 江珂,卢现祥.环境规制与技术创新——基于中国 1997—2007 年省际面板数据分析[J]. 科研管理, 2011(07):60-66.

[72] 解垩.环境规制与中国工业生产率增长[J]. 产业经济研究, 2008(1):19-25.

[73] 卢现祥，许晶. 企业所有制结构与区域工业污染——基于我国 2003—2009 年的省级面板数据研究[J]. 中南财经政法大学学报，2012(4)：78-83，143-144.

[74] 陆菁. 贸易与环境经济分析的实证研究评述[J]. 浙江社会科学，2006(2)：203-209.

[75] 陆旸. 环境规制影响了污染密集型商品的贸易比较优势吗？[J]. 经济研究，2009(04)：28-40.

[76] 王兵，吴延瑞，颜鹏飞. 环境管制与全要素生产率增长：APEC 的实证研究[J]. 经济研究，2008(5)：19-32.

[77] 王俊豪，李云雁. 民营企业应对环境管制的战略导向与创新行为——基于浙江纺织行业调查的实证分析[J]. 中国工业经济，2009(9)：16-26.

[78] 许士春，何正霞，龙如银. 环境规制对企业绿色技术创新的影响[J]. 科研管理，2012(06)：67-74.

[79] 张成. 环境规制强度和生产技术进步[J]. 经济研究，2011(2)：113-124.

[80] 张各兴，夏大慰. 所有权结构、环境规制与中国发电行业的效率——基于 2003—2009 年 30 个省级面板数据的分析[J]. 中国工业经济，2011(6)：130-140.

[81] 赵红. 环境规制对产业技术创新的影响[J]. 产业经济研究，2008(03)：36-40.

[82] 赵玉焕. 环境规制对我国纺织品贸易的影响[J]. 经济管理，2009(07)：147-150.

[83] 周小玲，王雪梅，田明华. 环境规制对我国造纸业技术创新影响的研究[J]. 北京林业大学学报：社会科学版，2009(4)：111-114.